普通高等教育"十二五"规划教材
全国高职高专教育"十二五"规划教材

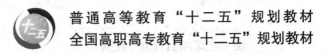

中文计算机速录与速记

ZHONGWEN JISUANJI SULU YU SUJI

主　编　毕晓曼　周申才

副主编　段　军　张　君　吴高泉

编　委（按姓氏笔画）

方　方	方　文	邓永明	丘自强	邓海涛
王淑缘	甘　娜	付　刚	艾晓梅	刘晓楠
刘常飞	李　艳	李　榛	光军凤	陈　曦
沈　遽	吴云霞	杨本元	陈伟莲	佟星辰
杨珈玮	宋素芬	吴晓雯	宋艳艳	苑秀杰
武晓睿	宦书亮	郭征帆	郝晓辑	赵雪莲
赵雪静	唐　力	唐　蔚	徐天奇	唐云霞
高红梅	徐希锦	夏晶晶	唐群芳	容慧华
续　珍	梁　沛	崔晓莉	曹瑞晋	韩开绯
魏鸿雁				

电子科技大学出版社

图书在版编目(CIP)数据

中文计算机速录与速记／毕晓曼，周申才主编.—成都：电子科技大学出版社，2015.1

ISBN 978-7-5647-2764-2

Ⅰ.①中… Ⅱ.①毕… ②周… Ⅲ.①文字处理—水平考试—教材 Ⅳ.①TP391.1

中国版本图书馆 CIP 数据核字(2014)第 289979 号

中文计算机速录与速记

主 编 毕晓曼 周申才

出　　版：电子科技大学出版社(成都市一环路东一段 159 号电子信息产业大厦　邮编：610051)

策划编辑：郭蜀燕 杨仪玮

责任编辑：李　毅

主　　页：www.uestcp.com.cn

电子邮箱：uestcp@ uestcp.com.cn

发　　行：新华书店经销

印　　刷：北京市彩虹印刷有限责任公司

成品尺寸：185 mm×260 mm　　印张：11.5　　字数：238 千字

版　　次：2015 年 1 月第一版

印　　次：2018 年 1 月第二次印刷

书　　号：ISBN 978-7-5647-2764-2

定　　价：26.00 元

总　　序

随着时代不断发展,催生了速录这一新职业,这个新职业的产生和壮大也在影响和改变着人们的生活。对于一种新型职业,如何使其更好地服务于社会、服务于大众,健康发展,也是摆在政府相关部门及职业教育机构面前的一道新课题。如何及时制定和跟进新职业标准,怎样规范管理新职业的从业人员,面对新职业产生的人才需求,如何构建工学结合的职业教育人才培养模式,带动专业建设与调整,引导课程设置、教学内容和教学方法的改革,如何全面深入地揭示这一新型职业的基本特点,探求科学有效的教学理论与方法,使计算机速录教育教学改革进入一个崭新发展阶段。

计算机速录技能在国外是高级文秘人员、法庭书记员等必备的基本技能,在国内目前是最紧俏的职业之一,其用途涉及多种行业,如会议、谈判、庭审、采访等记录及起草文件、网络聊天。速录员将讲话内容用计算机同步记录,话音落,记录毕,文稿出,比起现场录音、事后整理的记录方法,效率大为提高。随着近年来国内大城市的会议经济、会展经济、论坛经济的升温,大型会议、会展的增多,社会各界对速录员的需求越来越大,而掌握速录的专业人员相当缺乏。

全国计算机速录等级考试面向四类人群:一是面向在职人员和文字自由职业者进行培训考试,全面提升其计算机速录技能的职业水平;二是面向中小学教师进行电子信息教育技术培训考试,使之熟练掌握和运用计算机速录中文信息处理技术,进行电子备课、课件交流、编写学生试题和学期总结,开展多媒体(包括信息课)教学和模拟测试,使用电子表格软件和自动计算学生成绩并分类排序等方面的职业技能;三是面向高校学生进行培训考试,使之熟练掌握计算机速录技术的职业技能;四是面向部队官兵进行培训考试,使之成为军地两用的计算机速录技术的专业人才。

信息化社会对时间、速度和效率提出了更高的要求,尤其是互联网高速发展的今天,对信息处理的速度、效率要求越来越高。语言文字信息处理是信息化社会中一切信息处理的基础,速记是语言文字信息处理的工具,其社会作用显得越来越重要。

最具发展、最具诱惑、最具时尚、最富有活力,人才最奇缺的职业——计算机速录师已悄然走进我们的生活。

毕　臻

前　　言

在信息时代的大背景下,信息技术水平和信息化能力是国家创新能力的突出体现,文字速录技能是从事各行各业、各学科、各领域的人员在职场竞争中均应必备的一项基本技能。

为适应我国语言文字信息化处理这一新的发展需要,在设计出使用标准计算机键盘的速录编码的基础上,开发出这套《中文计算机速录与速记》教材。本教材遵循“人的发展”和“职业技能”培养理念,围绕高素质、高技能应用型技术人才培养目标,请从事一线速录的人员和具有丰富速录教学工作经验的老师参加教材的编写,作为高等院校、高职高专速录专业教学培训,以及广大在职速录人员提高计算机速录技能的专业教材。

本教材从击键要求、汉语语音开始,由浅入深地介绍如何准确、快速地记录汉字,并对速录相关职业能力培养的要领做了较为详尽的阐述。最后,为克服速录新手心理和技术压力,介绍一个实用的工具软件《汉语速录通》的安装与使用。这个工具,也可为那些没有专职速录人员的机构和公司,遇有重要会议、研讨、谈判以及录音整理等需要时,用本单位几名打字较快的员工来一起完成,实用效果很好。

为便于广大学员顺利通过全国计算机速录等级考试的考评,获得相应级别的计算机速录职业能力证书,教材附录了全国计算机速录等级考试项目介绍、考试大纲及鉴定标准,供大家参考。

在教材的编写过程中,得到全国众多一线教学老师、一线速录师等群体给予的大力支持帮助,借此机会,致以最真挚的谢意!

计算机速录是一门多领域交叉边缘学科。此书对中文计算机信息、中文计算机编程语言、计算机汉语自然语言理解、人机对话、文本校对等领域均有涉及。由于编写时间仓促以及我们水平有限,难免有不足之处,欢迎广大专家、学者提出宝贵意见和建议,以使本教材及时修改、不断完善。

周申才

目　　录

上篇　速录与速记理论

下篇　速录实务

上篇

速录与速记理论

第一章　速录与速记的发展简史

▶ 学习要点

本章简要介绍速录各个历史时期的基本情况，了解速录不同时期的历史作用、地位和职责。通过本章的学习，使学生了解速录历史和培养速录兴趣。

第一节　速录的发展史

➤ 学习目标

- 了解速录的历史发展历程；
- 培养学生对速录的学习兴趣。

一、速录的发展历史

速录的前身是速记，速记的前身称为前速记时代。

（一）前速记时代

所谓"前速记"就是早期人们为了"写得快"，发明的各种快速写字方法。我国的行书、草书，西方文字的手写体、连写等都是速记的初生态。其基本特征是脱离不了文字的原型。所以，"前速记时代"实质就是"快速书写时代"。

古代埃及曾出现过用一个符号来代替一样东西或一个概念，有人认为这是人类最早出现的原始的速记，是不准确的。我们知道古代埃及最早文字是象形字。象形字都是一个一个的独立符号，互相之间不连写，至于那些代替一样东西或一个概念的一个个符号，究竟是早期的文字雏形还是速记符号，需要充足的历史证据，不可轻易妄断之。

（二）速记

速记是在笔与纸的时代里人们用快速手写来做记录的方法。这个历史很漫长。后来到打字机时代，曾出现过机械速录机，但由于效果不明显，也昙花一现很快消失了。

速记的基本特征是脱离文字原型的简写，包括字形改写简化和句子的缩略。罗马人泰罗发明的速记，就是字形改写简化，他的速记符号就是由拉丁字母分割而成。他的学生用三个字母记录了含有七个词汇的句子，就是句子缩略。

几千年来世界各国大量出现的各种速记，都是属于字形改写简化或句子书写的缩略。至于采用什么样的形状，如斜体、圆体、椭圆体……以及采用怎样的书写位置，如依次下降或上升的变化，都是无关宏旨的形式上的衍生品。用"简"和"缩"的方法，以求记录的"快"和"准"，才是速记的本义。在研究与学习速记史、划分速记发展阶段上，各种速记方法只有出现时间的先后不同，而没有本质上的发展变化。它们属于同一层次或同一发展阶段的不同形式或花样。

中国古代只有快速书写没有速记。传说九世纪在唐朝曾出现一种快速记录方法，几乎可与语言速度相等。这只是一个传说，而且出自一个外国人，更不可为信。一个近代的外国人根本不了解中国古代"言"、"文"不同。人们通常说的话跟写在纸面上的文字是不同的，一大段话可能记在纸上只有几个字，这是我国的"文言文"与一般语言不同的缘故。仅从"言""文"速度或时间相同，根本无法断定这就是速记。

中国速记只是最近一百多年才开始发生的。它是借助于中国汉字拼音改革历史潮流的兴起与发展壮大才出现的。

1896 年（清光绪二十二年），甲午战争失败后，为了中华民族的振兴与崛起，蔡锡勇提出必须进行文字改革，以提高民众的文化素质和思想觉悟。他发明了《传音快字》。其后，汉字拼音改革风起云涌、势不可挡。力捷三发表《闽腔快字》。王炳耀发表《拼音字谱》，沈学发表《盛世元音》（又名《天下公字》），张才发表《粤音快字全书》等。他们的目标都是为了改革汉字，采用拉丁字母来拼写汉语。

16 年后，蔡锡勇的儿子蔡璋于 1912 年发表了《中国速记学》。这是中国第一本速记书籍，其目的是快速"记录他人发言"，不是用来改革汉字。

蔡锡勇的《快字》代表汉字拼音改革，蔡璋的《速记学》代表中国速记。它们的关系是父与子的关系。没有中国汉字拼音改革，就没有中国速记。上世纪三十年代的国语注音，新中国成立后的汉语拼音方案均极大给力于中国速记的发展。中国速记依赖于汉字拼音改革潮流的兴起、壮大而顺势发生、成长。中国汉字拼音改革未成功，中国速记永远先天不足。

"速记发展壮大了，汉字拼音改革淘汰了"的观点是错误的。没有汉字拼音改革，就没有中国速记。1996 年，在"纪念中国速记诞辰一百周年学术交流会"上，大家一致公认 1896 年蔡锡勇发表的《传音快字》、沈学发表的《盛世元音》（又名《天下公字》）和力捷三发表的《闽腔快字》为我国速记的纪元年。而没人提及蔡璋的《速记学》，这是学术界、是历史、也是真理的公论。

（三）速录

当历史进入了计算机信息时期，人们逐渐告别了笔与纸的时代。速记也很快萎缩了。替而代之的是更加快捷准确的计算机速录。

速记迅速被淘汰的根本原因是效率无法与计算机速录相比，并且耗费的时间、精力及经济的成本很高，应用范围又极小。

有人提出应该称作"计算机速记"，认为"录"有录音的意思，其实这也不妥。录音属于实时记录语音，忠实于语速，既不能快，也不可慢。把"录"字理解为录音，前面就不可能加上"快"或者"速"二字。如果快速录下的语音，人们也不可能听得懂，没有任何意义。汉语"记"和"录"两个字在"记录"的义项上完全相同。我们称为"计算机速录"，是为了区分它与原"速记"虽然目的相同，但本质完全不同。

快速书写与"速记"本质不同。书写速度很快的人不学习速记，不能成为速记员。"速记"与计算机速录本质不同，速记员不学习计算机速录，也不能成为计算机速录员。那些通晓"速记"的人，认为自然通晓计算机速录是错误的。计算机速录是与"快速书写"、"速记"完全不同的一项新的专业技能。

计算机速录既不是把字形改写成简化的手写符号，也不是主要依靠句子的缩略。它的特征有两点：其一，利用计算机容量大、运行快和智能化的优势，设计少量简单的键盘编码，实现快速准确生成电子文本之目的。其二，加大在计算机自然语言理解学科的研究与开发，实现人机对话，达到计算机自动将语言生成电子文本之目的。

在国际化的发展趋势下，世界各种语言都趋于规范化、标准化，词汇及句子的缩略变化很小。从国际速录大赛各国参赛选手来看，每分钟五、六百键的击键速度非常普遍。这个击键速度记录西方人讲话是可以的，所以西方各国在计算机速录技能的训练上，一般只是强化键盘操作的流畅、准确和快速。他们的重心是对计算机自然语言理解的研发，以求实现计算机自动将语言生成电子文本之目的。

在"速记"时代，世界各国、各种语言都可以在同一起跑线上，运用速记基本原理创制和发展自己的速记法。但在计算机速录时代，不同语种的计算机自然语言理解、人机对话的开发进程，是受不同语言的特点限制的，无论起点或难度，各国差异很大。那些语音复杂、同音少、单音节和双音节词汇少、语法规则较详备的语种，必然最先实现人机对话和文本自动生成。反之，那些词汇、语法规则数字化程度不高的语种，必然停留在键盘速录的阶段时间较长，到达语音自动生成文本进程要晚得多。

中国计算机速录的起步与发展有自己的特殊性。由于汉语汉字的原生态、模拟性和离散性等原因，中文计算机录入必须依靠输入法。单从输入法而论，最好的输入法是没有输入码的输入法。现阶段中文输入法的发展尚未达到这一高度。当前我国的输

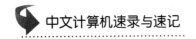

入法有形码和音码两种。形码需要拆字，不适合语音记录。在音码中有全拼和双拼两种，全拼字符多，击键多，也不适合快速记录。

目前中国计算机速录的编码基本上属于双拼或带调双拼输入法。虽然带调双拼在一定程度上缓解了重码率的压力，但仍然无法解决必须选字、翻页查找的不便。中文计算机速录技术不可以总是停滞在这种原始状态上。带调双拼早在1978年中文计算机编码青岛会议上就已经出现。多年来冒出来很多速录方法，还都只是以上两个规则翻来覆去地被频频改变了表示符号而已，这造成人们无所适从，也淡化了中国计算机速录发展的主方向。

中文计算机速录发展迫切需求更为精准的定字方案和更为科学合理的键盘操作设计。精准定字非常重要，它是中文计算机速录能否迅速地推进到一个崭新的发展阶段的关键，并对我国整个信息科学、计算机以及各领域、各学科的现代化进程都将产生深远影响。

由于汉语音节简单、同音多、单音双音词汇多、方言多，并且各方言语音多变、声调不一致等原因，对中文计算机自然语言理解、人机对话的研发是一个很大的困难。中科院语音研究所、清华大学、北大等国内多家科研机构、企业，及广大专家、学者们都对此付出了巨大的努力，并在计算机汉语言算法、语料库建设、应用软件开发、实验、推广等方面已取得了丰硕的成果。但前面的路还很长，仍很艰难。我们相信只要坚持科学原则，充分发扬汉语的有利因素，不断地化解克服汉语的不利因素，中文计算机速录的水平不会永远落在先进国家的后面。

二、键盘速录与速录机

1994年，中国计算机速录刚刚处于星星点点的研究、实验的起步阶段。我国速记专家唐亚伟根据美国速录机原型，改造设计出中文速录机。速录机的编码采用汉语拼音，击键方式采用多键并击。速录机连接在电脑上生成电子文本。唐亚伟先生顺应社会快节奏发展的迫切需求，亚伟速录机社会培训很快产生了规模化的影响，促进了中国计算机速录职业迅速地形成。唐亚伟对我国速记和计算机速录事业的贡献功不可没。

历史对亚伟速录机曾经的肯定是有限的。在我国计算机键盘速录技术日臻成熟的今天，笨拙、落后的速录机逐渐被淘汰已成定势。当前更要反对那些后起的对速录机改头换面或花样翻新的吹捧与炒作。在我国，任何速录机的方法都是模仿，而不是发明。青出于蓝，能否胜于蓝，全在于个人努力。任何尚未胜于蓝就忘祖的行为只能成为不屑一顾的笑柄。

（一）价格昂贵

当前市场上速录机价格在每台几千元。单独的速录机还不能打字，还必须配上电脑。这么高的费用，无论学校还是学生都很难承受得起。而一般速录软件价格在每套几百元，经济、实用、易学、成本低廉。安装盘便于随身携带使用，学生们不仅可以学好本专业课程，又能提高做好计算机其他各项任务的效率。

（二）键盘操作另类

信息时代人们的计算机操作、人机对话的主要设备是键盘。人们的键盘娴熟程度、操作速度直接决定着一个人的工作效率。速录机键盘无论数量、布局均与计算机键盘完全不同，两种键盘的手指分工击键方式没有相同之处。

并键没有优势可言。每次按键，先按下去的手指要等最后一个手指按下，电脑能够做出"双手并击"的理解后，方能同时松开，否则就要出错。计算机键盘操作的基本手法是"点击"，或者叫做"闪击"。一个单词，一个成语或一个短句，可以多键连续"点击"，或者连续"闪击"，优势非常明显。

人的肢体运动学原理告诉我们，用单一模式去训练肢体做某一固定动作会很容易形成稳定的快速反应。用两种或多种模式去训练肢体做某一协同动作会困难得多，很难形成稳定的快速反应。

（三）实用性太窄

付出很大精力和时间学会了速录机，然而能做些什么呢？只能用于打字。每个人一生离不开打字，但绝非每个人一生都专门打字。人们用电脑做其他工作远比用电脑打字多得多。这样不得不又要回到大键盘。现代工作流动很大，人们随身携带笔记本电脑已经不易，再带一个速录机很困难。速录机不在身边，又要用大键盘打字。邯郸学步，难以摆脱的困扰或折磨是：新步尚未学好，即使学好了，还要反复回到过去的步法。

（四）核心技术含量低

任何速录软件的核心技术都在于中文编码的科学性、简洁性与智能性。速录机的中文编码就是汉语拼音，除此之外没有什么新东西。

有人说速录机核心技术是一次按几个键，所以快。这是没有道理的，虽然按键次数少了，但是大脑反应速度慢了，让大脑做出用几个手指去完成一组动作，比大脑做出用一个手指去做单一动作的反应，必然要慢得多。

退而论之，假设并键方式真的有效果，只要做个计算机小程序在电脑键盘上就完全可以实现了，根本没有必要另去制作一台昂贵的外接设备。

（五）遗留问题多、负面影响大

学音乐的并不一定都能成为歌星、演奏家，学习速录技术的也并不是每个人都能成为速录师。很多买速录机又不能成为速录师的人只有白白扔掉。

即使成为速录师，因为速录师是青年人的职业，对于年轻的文秘、助理、书记员、速录工作等要求打字、记录的快速性。但青春易逝，年龄大了，那时写作的要求是构思、措辞、组句等质量水平，速度并不是主要的，速录机毫无用处。

一些学校，大笔资金买了几十台速录机。开始的时候师生们感到新奇，几堂课过后，很快没人有兴趣，堆在库房里无人问津。学生说，下那么大工夫，练五笔也比它快。

两千多元买来的速录机，在网上狂甩没人要，血本无归，叫骂不断。一些当年动员学生买速录机学习速录的教师深感自责、后悔不已。

但是选择计算机标准键盘速录软件的学生就没有这些问题。学成速录师的更好，打字如飞；没练成也没关系，至少打字速度快了、电脑操作快了；再退一步说这些都没快，但电脑操作坐姿端正了，键盘操作手法规范了，安装盘又不占空间，随用随装，不用卸载，花了几百元钱当然值。学生受益一生，教师心安理得。

速录机是西方国家在上个世纪打字机时期出现的。历史进入了计算机信息时代，这种落后笨拙的方法与设备早已被西方世界淘汰。2000年后历届的国际速录大会的比赛上，速录机早已不见踪影。除我国外，世界几十个国家的数百名参赛选手中，没人使用速录机。

人家淘汰丢弃的东西，我们不能捡来视为至宝。当然这也不是轻易地否定中国计算机速录一定不需要外接设备的研究方向。只是对当前的这种速录机究竟出路在哪里、能否生机再现，从科学的本义观之，我们只能持有善意的期待。

三、史上最愚蠢的逻辑

计算机的标准键盘布局，即"QWERTY键盘"，是克里斯托夫·拉森·授斯发明的，并于1868年申请了专利。今天计算机标准键盘采用了这个布局方案。

有人说：授斯设计该方案的目的是为了降低机械打字机的速度，因为如果打字速度过快，机械打字机某些键的组合很容易出现卡键问题，所以他将最常用的几个字母组合安置在相反方向，最大限度放慢敲键速录过快以避免卡键……这在IT史上，一直被戏称为"历史上最愚蠢的发明之一"。

信奉此说，以此来散布对计算机输入键盘的国际标准的怀疑，堪称史上最愚蠢的逻辑。

在短板原理上，人们总是千方百计地做长短板以求进步与发展，傻瓜才会想到去将长板锯短、以求短板变长的。如果当年出现卡键问题，人们自然会去改进机械的灵活、提高反应的灵敏，不会有人去千方百计限制手指的速度。人们也无法理解：如此愚蠢的行为在当时竟受到全社会的肯定、得到历史的肯定，一百多年过去了，今天全人类还在使用这个键盘布局。

在人类的文明进步史上，很多伟大的发明都受到了一些不解、嘲讽甚至谩骂和打击。伽利略的日心说、爱因斯坦的相对论……无一未遭此厄运。与授斯同时代有很多键盘布局设计方案出现，授斯遭受很多攻击和嘲讽是能够理解的。一百多年过去了，对于历史已经抛弃的乱七八糟的垃圾，不可以再拾起它们去诋毁先哲。这是一个人对科学、对公理起码的尊重与良知。

其实，世界上不可能有一个对任何语言文字都适合的键盘布局方案。不同语言使用的键位、频率都不一样。如果一个方案对英文不便，可能对法文就很方便。如果对英文、法文都不方便，对俄文可能就很方便。以中文为例，各种不同速录方法所使用键位、频率也不一样。离开了特定的研究对象作为前提，去评价某种键盘方案的优劣都是空话，没有意义。

人类科学越进步、社会越发展，出现一些不解、疑惑是正常的。我们反对的是一些人披着行家里手的外衣，为个人或小集体的私利胡乱地宣传或炒作。中国计算机速录事业是科学进步的必然，是社会发展的需求。整个社会机器的运转效率与每一社会成员的文本生成与处理能力密切相关，一个高效社会的重要标志就是它的所有成员都必须是文字技能的高手。中文计算机标准键盘的速录技术是历史的必然选择。中国计算机速录事业所关注的重心始终是青年和未来，希望广大青年学生们重视自己中文速录技能的训练与提高，选择一个好的方法重塑自己的双手：

> 让你的手指跟上你的思想！
>
> 用你的手指追赶别人的声音！
>
> 纤纤手指，改写人生！

第二节 速录与速记的概念解读及速录等级考试级别

➤学习目标

● 掌握速录的基本概念；

● 了解速录等级考试级别。

一、速录的基本概念

计算机速录，是指用计算机将语音信息或文字信息快速、准确地手打生成电子文本的方法，简称速录，这个概念有三个要点。

1. 必须使用计算机，否则无法生成电子文本，可以外接设备如速录机。

2. 看打与听打必须达到一定的快速和准确程度，否则不是速录。

3. 计算机外接设备必须是手打设备，否则不是速录，如能够生成电子文本的扫描仪。未来也许出现能将语言录音直接生成为电子文本的程序或设备，但它不属于计算机速录的概念。

二、全国计算机速录等级考试分级标准（如表 1－1 所示）

表 1－1 全国计算机速录等级考试分级标准

项目	级别	一级	二级	三级	四级	五级	六级	七级	八级	九级
分级标准	看打	最低 60 字/分钟	最低 90 字/分钟	最低 120 字/分钟	最低 140 字/分钟	最低 160 字/分钟	最低 180 字/分钟	最低 200 字/分钟	最低 220 字/分钟	最低 240 字/分钟
	错误率	不高于 3‰（含标点符号）								
	听打	最低 60 字/分钟	最低 90 字/分钟	最低 120 字/分钟	最低 140 字/分钟	最低 160 字/分钟	最低 180 字/分钟	最低 200 字/分钟	最低 220 字/分钟	最低 240 字/分钟
	错误率	不高于 5%（不含标点符号）			不高于 4%（不含标点符号）			不高于 3%（不含标点符号）		
试卷比例 理论/技能（百分制）		基础知识与录入技能 2/8			基础知识与录入技能 2/8			基础知识与录入技能 2/8		
理论部分测试	题型、题量、时间	时间：20 分钟，分值：20 分，共 10 题（每题 2 分）								
技能部分测试	听打时间、分值、题量	时间：78 分钟，分值：60 分，共 3 道题（取最高分）								
	看打时间、分值、题量	时间：22 分钟，分值：20 分，共 2 道题（取最高分）								
工作适用		基础文字录入	一般公务性工作	呼叫录入	职业文秘	高级文秘	公检法系统工作人员	初级会务	中级会务	高级会务

第二章　速录师工作

系统阐述速录师工作的基本内容与特点。通过本章的学习理解速录师工作的特点、掌握速录师的工作内容，培养速录师所进行必需的知识储备和技能。

第一节　速录师工作的基本内容与特点

➤学习目标

- 掌握速录师工作主要内容；
- 理解速录师工作的基本特点。

一、速录师工作主要内容

速录师，运用特定的速录软件或外接设备，从事语音信息实时采集并生成电子文本的人员，要求具有准确的听辨能力，反应灵敏，观察敏锐，双手操作灵活、协调。本职业设三个等级，分别为：速录员（国家职业资格五级）、速录师（国家职业资格四级）、高级速录师（国家职业资格三级）。

（一）设备准备

速录操作：能调试速录系统软件。

（二）计算机操作

能够安装、设置常用字处理软件。相关知识：计算机常用字处理软件的安装与设置方法、词语临时略码的制作知识、个人词库的设置和使用知识。

（三）信息采集

1. 能听懂新闻发布会、商务会和科技报告会等各种相关专业会议语音信息。

2. 能以平均不低于 220 字/分的速度进行语音信息现场实时采集、准确率不低于 98%。

3. 能采集同声传译的中文信息。

4. 能采集中文信息中出现的常用英语词汇及缩写。

5. 能够准确识别群体交互式语音信息源并分别实时记录。

6. 能边采集、边校对、边整理信息。

7. 能在采集信息的过程中，进行动态造词、制作词语临时略码。

8. 能够从非语音信息（表情、手势等体态语及场景）中推测语义，并进行采集。

相关知识：常用英语词汇及缩写知识、联词、消字、定字的基本知识。动态的造词的知识。观察、采集、准确表述各种非语言信息的知识。观察、采集准确表述各种非语言信息的知识。数学符号速录键盘的转换与操作知识、系列功能码的速录编码方法。

9. 文本信息采集，能够正确识别规范的手写文稿。

10. 其他不同载体信息采集，能使用多种播放软件，能通过 Internet 采集网络媒体语音信息相关知识（各种播放软件的操作方法、使用 Internet 的基本知识）。

（四）信息处理

1. 版面编排

（1）能够使用一种常用字处理软件对采集的信息进行较复杂排版。

（2）能在文件中插入表格。相关知识：版面分栏、多种字体、字形的变化与修饰知识、表格制作插入知识。

2. 整理、输出、提交

（1）能使用速录机功能键完成文本的同音字词查找与替换等操作。

（2）能用速录系统外挂进行同音字词的查找与替换操作。

（3）能通过电子邮件方式进行文本信息的编制接受和发送等相关知识。

3. 意外处理

能在故障发生后找到速录系统软件保存的临时、中间备份文本。相关知识：速录系统软件文本恢复知识。

二、速录师工作的基本特点

（一）职业特点

1. 技能性强

速录职业是一项高度处理汉语和汉字信息的工作。它要求从业人员有较高的听辨能力、反应敏捷和双手操作的协调性；从业人员要接受一定时间的专业强化训练，同时还要有实践经验的积累，才能较好地适应实际工作的需要。

2. 技术含量高

速录技术集中了计算机技术、人工智能和速录设备等技术，曾被列为国家级火炬计划项目，技术含量高。

3. 综合素质要求高

速录职业从其工作的领域和对象来看，要求从业人员要有较高的职业道德水准和文化素养，要掌握汉语语文知识、公文写作知识，了解外语，熟悉方言及多领域的专业术语等，同时还要有较强的学习能力。

4. 服务型强

速录人员多工作于文化、艺术、宗教等领域，而且常常直接服务于社会的各决策层，工作时效性强，这就要求速录人员在有较强的速录能力的同时，还要有很强的服务意识。

5. 保密性强

速录人员常常直接工作或服务于社会的各决策层，由于他们涉密机会多和涉密级别高，因此，要求速录人员要有相关的保密知识和很强的保密意识。

（二）速录师技能特点

从业速录师在速录工作中要保证"三高"，即"高速度、高效率、高准确率"，因此，一名合格的速录师应具备以下条件。

1. 快速反应和动作协调能力

快速反应和动作协调能力是速录师胜任工作的首要条件。人的正常语言表达速度平均为 160～180 字/分，在专业播报或情绪激动时，语速还要快得多。业内人士曾对中央人民广播电台《新闻和报纸摘要》及中央电视台《新闻联播》播音员的平均速度进行测试，平均为 254 字/分。这就说明速录师必须能够快速反应信息，做到心、脑、耳、眼、手等各部分高度协调配合，要"一心多用"，要能够边听、边记、边整理，还要始终循环做到"耳朵里听一句、手指上打一句，脑子里存一句。"不仅要采集语言信息，还要采集非语言信息（掌声、微笑、手势、情景等）。同时，还需要有很强的语感和语言逻辑推测能力，应能从语境中准确推测讲话的内容。

2. 较强的听辨能力和抗干扰能力

速录师应该具备在一定噪声背景下听辨同音词、方言甚至是外文单词等信息的能力，并能够迅速、准确地将有用信息筛选和采集下来。速录是从记音入手，通过"记音"达到"记意"的目的，准确率是一个重要指标。汉语普通话中同音词多，是从声音信息过渡到文字信息的一个难点。如"以同等 xueli 考研"，是"学历"还是"学力"，"这个工作是王某某 zhishi 我做的"，是"指示"还是"指使"，其意义有天壤之别。因此，对速录师的听辨能力和抗干扰能力提出了很高要求。

3. 扎实的中文基础和广博的知识积累

完成从口语信息到书面信息的实时转化，速录师需要在记录时进行同步过滤和整理，达到"信、达、雅"的要求，必须有扎实的中文基础和广博的知识积累作为支撑。记录的场所、对象千变万化，记录的主题千差万别，自然科学和社会科学都有可能会涉猎如生命科学、生物工程、妇女儿童问题、环境保护、IT 产业、朝核问题、纳米知识等，这些都可能成为记录的内容。因此，速录师应该努力做"杂家"，争取成"通才"。

4. 一定的外语基础和学习能力

我国加入世界贸易组织后，英语越来越成为人们国际交往的通用语言，中英文混合的现象成为一种新的语言表达样式。因此，速录师要熟悉语言发展的情况，不断接受相关新信息，提高英语水平，学习语言新词语。如网络的出现产生了"网民"、"黑客"，再如"APEC 会议"、"与时俱进"、"六方会谈"等，都需要速录师迅速学习。

5. 良好的身体和心理素质

速录师从事的是从语言到文字之间的实时转换工作，要求思想必须高度集中，稍一分神，就听不到下面的语音信息了。因此，在长时间高强度的工作中，速录师需要具备良好的身体素质和心理素质，要能承受较大的工作压力和精神压力，这是圆满完成速录工作的重要保障。

三、优秀速录师的标准是什么

（一）良好的职业操守

所谓"职业操守"，是指人们在从事职业活动中必须遵从的最低道德底线和行业规范。它具有"基础性"、"制约性"特点，凡从业者必须做到。操守，往往指道德。具体而言，那就是"做事既做人"，万事"德"为先，"有德有才，破格重用；有德无才，培养使用；有才无德，限制录用；无德无才，坚决不用。"

（二）精湛的速录技能

精湛的速录技能是成为优秀速录师的基石。"速录技能"说白了就是速度和准确率的完美结合，不过我想强调这里的"准确率"指的是击键一次上屏的准确率而不是各类证书或者从业者自己给自己标榜的准确率。"一次上屏"的准确率越高越能体现一名速录师的基本功是否扎实；从另外一个角度来说，一次上屏率越高就越能体现出"速度"。

（三）异于常人的听力

优秀的速录师应当具备超越常人的听力。由于工作的原因，速录师会听到各种各样的声音特征。辨析各种声音特征是将语音信息转化为文字的前提，认真听、用心听，再加上日积月累的练习，会发现自己能辨别出普通人或者一般水平的速录师听不到的声音特征。

（四）丰富的知识积累

如果说以前人们觉得获取知识是一件困难的事情，那今天的人们肯定会为淹没在知识的汪洋中无法自拔而痛苦。我们真的遭遇到一个"信息核弹的时代"，每天都有无数新的信息、新的知识出现在各种媒体上。"筛选"已经成为当下学习新知识的一种重要手段，速录师的工作环境导致了他们每天都会接触各类新信息，在这样的背景下，优秀的速录师会通过每一场会议筛选出对自己有价值的信息，以工作日志的形式加以总结积累，让自己的知识面有效拓宽，不断丰富，应对各类会议的需求。

（五）稳定的心理素质

心理素质包括人的认识能力、情绪和情感品质、意志品质、气质和性格等个性品质诸方面，是人的整体素质的组成部分。心理是人的生理结构特别是大脑结构的特殊机能，是对客观现实的反映。心理素质以自然素质为基础，在后天环境、教育、实践活动等因素的影响下逐步发生、发展起来的。心理素质是先天和后天的表现。作为速录师，要镇定自若，在面对困境、面对挫折的时候，把握自己的情绪，消除紧张、焦虑、烦躁、失落和抑郁等消极情绪，有效克服和提高心理素质。

（六）现场随机应变的处事能力

应变能力是指自然人或法人在外界事物发生改变时，所做出的反应，可能是本能的，也可能是经过大量思考过程后，所做出的决策。在速录中，每天都要面对比较多的信息，如何迅速地分析这些信息，把握信息、跟上信息，努力去解决问题和克服困难，需要我们具有良好的现场随机应变的处事能力。

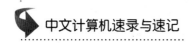

第二节　速录师职业的未来发展趋势

➤学习目标

● 了解速录师职业的未来发展

速录师是运用速录技术，从事语音信息实时采集并生成电子文本的人员。中央电视台《东方时空》，北京电视台《城际特快》、《北京特快》、《首都经济报道》、《财经时报》、搜狐网、新浪网、千龙新闻网、《华西都市报》、《成都商报》、《天府早报》、《成都晚报》等先后对电脑速记行业进行过相关的报道，并指出这是"简单技能下的金领收入"。

一、就业领域

目前速录师主要在以下几个领域发挥其特殊的记录本领：一是司法系统的庭审记录、询问记录；二是社会各界讨论会、研讨会的现场记录；三是政府部门、各行各业办公会议的现场记录；四是新闻发布会的网络直播；五是网站嘉宾访谈、网上的文字直播；六是外交、公务、商务谈判的全程记录；七是讲座、演讲、串讲的内容记录等。工作范围相当广泛。

二、职业描述

中文速记这个行业诞生已经有 100 多年了。传统的速记是由专业人员操作一种符号将语言信息转化成文字信息，由于符号的独特性，记录出来的信息还得进行整理。这样的速度难以满足一些特定场合需要，现在又诞生了新行当——电脑速记，即对语音信息进行不间断采集并实时转换为电子文本信息的一个过程。"言出字现，音落符出"是对电脑速记速度的最好概括。

速录师与以往的打字员有着诸多的不同。

首先是工作性质不同。速录师接触的面比打字员广得多。速录师要去不同的场合，接触各种各样的人物，了解新的、前沿的知识，从而让自己不断提高。其次工作方式不同。速录师的工作要求更高。在现场速录时，必须在头脑中完整、清晰地再现讲话的实际内容，在听懂的基础上，如实记录原话或将所听口语以恰当得体的书面语言反映出来。第三是收入相差很大。专职速录师一般都在经营好、效率高、业绩优、愿意"花钱买效率"的单位供职，技术能力能够得到发挥和发展，待遇自然不菲。而兼职的速录师，出入各类研讨会、办公会、网站直播，收入远远高于普通打字员。这一职业的优势还在于工作时间比较灵活，出入于各类酒店、展会，工作内容时尚、体面，收入也相当诱人，比较合适年轻人从事。此外速录作为一种特殊技能，能保证速录师成为一份长期、稳定的职业。

三、现状与前景

在国外，速记速录技能是文秘人员必备的基本技能之一，美国速录从业人员达 500 万，几乎 100% 的法庭使用速录人员进行现场记录。在日、德、法、英等国，速录技术已被普遍应用。

目前，我国的速录市场前景看好已成了不争的事实，但是，专业速录师人才的奇缺也随之成了这一行业的燃眉之急。据了解，某家电脑速记公司开出月薪 4000 元的价码，仍难招到足够的电脑速记员。而深圳一家速录服务公司的网站上，打出了年薪 12 万元招聘特级速录师的广告。诱人的薪水自然吸引了许多求职者，但面对用人单位开出每分钟打 240 字以上的条件，很多求职者只能望而叹息，最终这家用人单位也是无功而返。

目前全国市场上能够独立完成大型会议速记任务的速录师仅有几百人，主要分布在北京、上海、广州等大城市，一些小城市需要速记服务却没有速记员可以聘请的现象经常出现。另外，现有的速录员多数集中在法院等国家机关，社会上从事商业服务的速录人员数量更为稀缺，所以速录员在未来十年里需求量更会大大增加。我国还应该需求 50 万名速录员，人才缺口非常巨大。另一方面，一个速记员的培训大概需要 18~24 个月，一般分成三个阶段：第一阶段约一个月，练习汉字输入和掌握速录技巧；第二阶段持续约 3~4 个月，练习输入文章，以财经新闻为主；第三阶段听打、听朗读文章或听广播、电视新闻，进行记录，速度由慢到快。速记员的培训比较枯燥，有部分学员会中途退却，客观上造成高淘汰率。培训周期长而淘汰率高，人才缺乏就不奇怪了。

四、职业收入

据了解，速录的最高录入速度可达到 220 字/分钟，而录入速度在每分钟 200 个字以上时，就完全可以实现"语音落、记录完、文稿成"。在北京，这种速录员出来做会议同声记录，收费标准一般是 1200 元/天（7 个小时以内），如果按小时结算的话，每小时的收费不会低于 200 元。而在刚起步的上海和深圳，收费则更高些，分别在 1500 元/天（7 小时以内）和 3000 元/天左右。一名速录师的月平均收入在 4000 元左右，业务高峰期可逾万元。

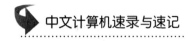

五、培训与认证

速录所借助的是一种特定的速录技术，经过相应的培训即能上岗。只要具备中等专科学历，有一定普通话基础，就可以参加培训。2003 年劳动和社会保障部颁布了《速录师国家职业标准》。新的职业标准分为 3 个等级：速录员、速录师、高级速录师。共设置了速录准备、语音信息采集、文本处理、相关基础知识 4 个模块。与原来的速录等级证书相比，新标准对学员的职业技能要求更高了。每分钟打字初级由 80 字以上提高到了 140 字，中级由 140 字以上提高到了 180 字，高级由 180 字以上提高到了 220字以上。正常人的语速每分钟 200 字左右，专业播音甚至能够达到每分钟 300 字，速录员录入速度必须达到这个标准。

第三章　速录职业道德

学习要点

　　本章主要介绍速录师职业道德的含义、内容和特点。通过本章学习，旨在使学生树立崇高的速录师职业道德操守，学会科学合理地构建速录师知识和能力的结构，养成健康的速录师心理素质、人品。

第一节　职业道德概念

▶学习目标
　　◉ 了解职业道德的含义和特点；
　　◉ 掌握职业道德行为规范内容。

一、职业道德的含义与特点

1. 职业道德的含义

　　道德是调节个人在自我、他人、社会和自然界之间关系的行为规范的总和，是靠社会舆论、传统习惯、教育和内心信念来维持的。职业道德是指人们在职业活动中应当遵循的特定职业规范和行为准则，即正确处理内部、职业之间、职业与社会之间、人与人之间、人与工具之间的关系所应当遵循的思想和行为的规范，反映社会对某一职业活动的道德要求，是社会道德在职业活动中的延伸和具体化。

2. 职业道德的特点

　　职业道德是和职业活动联系在一起的，受职业生活的制约和规范。不同的职业使人们在职业活动中与不同的人形成特定的交往关系，从而形成不同特点的行为规范。所以，各行各业都有自己特殊的职业道德规范，而且相对比较稳定。例如医生的救死扶伤、治病救人；法官的秉公执法、铁面无私；教师的为人师表、诲人不倦；军人的服从命令、视死如归，记者要如实报道，铁肩道义等。它是人们在从事职业过程中形成的一种内在的非强制性的约束机制。职业道德具有范围上的有限性、内容上的稳定

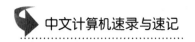

性和联系性、形式上的多样性三方面的特征。

二、职业素质

素质是人们在先天禀赋的基础上，通过环境和教育的影响而形成和发展起来的相对稳定的内在的基本品质。职业素质是指劳动者在一定的生理和心理条件的基础上，通过教育、劳动实践和自我修养等途径而形成和发展起来的，在职业活动中发挥重要作用的内在基本品质。职业素质的构成包括：思想政治素质、职业道德素质、科学文化素质、专业技能素质、身体心理素质。

三、职业能力

能力是直接影响人的活动效率，保证人们顺利完成某种活动所必需的个性心理特征。职业能力是在学习活动和职业活动中发展起来的，是直接影响职业活动效率、使职业活动得以顺利完成的个性心理特征。职业能力是在长期的职业实践中逐渐形成的，通过自身努力是可以不断提高的。努力学习文化专业知识、增强科技意识、加强专业技能训练是提高职业能力的有效途径。分析自身一般职业能力和特殊职业能力状况，挖掘潜能、发挥优势、提高职业能力。

四、道德规范

道德规范是指一定社会为了调整人们之间以及个人与社会之间的关系，要求人们遵循的行为准则，是人们的道德行为和道德关系普遍规律的反映，是一定社会和阶级对人们行为的基本要求的概括，是人们的社会关系在道德生活中的体现，是道德意识现象的内容之一。道德规范源于人们的道德生活和社会实践，又高于人们的道德生活和社会实践。历史上不同的时代、不同的阶级的道德规范都是从相应的时代要求和阶级利益出发，经过概括而形成的，并用以指导人们的道德生活和道德行为。道德规范只判断善和恶、正当和不正当、正义和非正义、荣和辱、诚实和虚伪、权利和义务等道德准则，人们遵守道德规范要求的行为，就是善行；违反道德规范的行为，就是恶行。

五、道德修养

所谓修养，就是人们为了在理论、知识、思想、道德品质等方面达到一定的水平进行的自我教育、自我改善、自我提高的活动过程。所谓职业道德修养，是指从事各种职业活动的人员，按照职业道德基本原则和规范，在职业活动中所进行的自我教育、自我改造、自我完善。使自己形成良好的职业道德品质和达到一定的职业道德境。

六、社会公德

社会公德是人们在社会公共生活中应遵循的基本道德，亦称"公共道德"或"公德"，也即列宁所说的"起码的生活规则"。它是人们为了维护公共生活、调节人们之间的关系而形成的道德行为准则和起码的公共生活准则。社会公德是社会存在的反映，是人类在长期的社会生活中根据生活实践和共同生活的客观需要逐步形成和发展起来的。爱祖国、爱人民、爱劳动、爱科学、爱社会主义是我国基本的社会公德。我国宪法还明确规定，遵守社会公德是一切公民的义务，违反社会公德，轻的要进行批评教育；重的如破坏公共秩序、扰乱社会治安等要绳之以法。

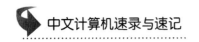

第二节　速录师职业道德

> ➢学习目标
>   ◉ 了解并领会速录师职业道德内容；
>   ◉ 明确速录师应该具备的职业道德要求。

速录工作是现代社会高度发展、高科技催生的新型职业。自觉遵守社会公德和职业道德，树立正确的价值观，努力提高职业技能和素质，严格规范自己的行为习惯，富于敬业精神，树立良好的职业形象，是对每一个有理想、有抱负、有操守和有不断进取精神的速录工作者的基本要求。

"国有国法、行有行规"。根据速录行业的工作性质、社会责任、服务对象和服务手段，速录行业应遵守以下职业道德。

一、自觉遵守社会公德和职业道德

1. 爱祖国、爱人民、爱科学。发扬服务第一、勇于献身的奋斗精神，树立爱岗敬业、高度职业责任感。爱国、创业、求实、奉献。

2. 区分是非、明辨善恶，树立正确的荣辱观。爱惜个人的人格尊严，养成适应职业要求的行为习惯。

3. 团结友爱、乐于助人，宽与待人、严于律己，文明礼貌、光明磊落，仪表端庄、语言规范，举止得体、待人热情，公私分明、坚持真理。

4. 维护和提高个人良好的亲和力、影响力和凝聚力。业内同行之间应建立平等、团结、友爱、互助的关系。提倡互相学习、互相支持，开展正当的业务竞争及业务合作。

5. 学法、知法、守法、用法，遵纪守法。执业中严格遵守技术规范，严格执行工作程序。忠诚所属企业，维护企业信誉。

二、树立正确价值观

1. 重人生总价值的取向，轻一时一事的得失。始终把社会效益放在首位，力求实现社会效益和经济效益的最佳结合。反对唯利是图、见利忘义。为社会、企业、组织和大众提供有效服务，用诚实劳动获得合法利益。

2. 在公平交易的原则下，对于权利和义务，应重义务；对于付出和所得，应重付出；对于奉献和回报，应重奉献。为人民服务，为社会服务，为现代化事业服务。

3. 维护个人合法利益，不侵害他人所有所得。同行业之间，不得因争夺客户而恶意压价，或故意抬高服务价格。严格按照速录服务的市场规范进行运作，精通业务，信守合同，公平交易。

4. 诚实，诚信，实事求是。明确职业责任，恪尽职守。讲究质量、信守合同，热情周到、优质服务。

5. 不弄虚作假、不投机取巧。自觉履行职业责任，注重工作效率。保护公司与客户的合法利益，不准利用公司的财产、信息或地位谋取个人利益。不准利用客户的热情大方、不了解实情贪图客户合法利益。

三、努力提高职业技能和素质

1. 学习职业道德规范，掌握职业道德知识。热爱本职，忠于职守。

2. 努力学习现代科学文化知识，提高文化素养。速录业者的特点是"杂家"、是"通才"。科学技术飞速发展，知识更替日新月异，速录人员必须努力学习最新知识，并发扬"善于学习、善于创新"的精神，将新技术、新知识融入具体的速录工作中，不断提高自己的职业技能。

3. 经常进行自我检查和反思，增强自律性。

4. 积善成德，广施善行。钻研业务，互相支持，顾全大局。

5. 注意小节，防微杜渐。勿以恶小而为之，勿以善小而不为。恶虽小，也终究是恶。善虽小，仍然不失其为善。乐业、敬业，精业、勤业。

四、严格规范自己的行为习惯

1. 尊重客户，将客户的利益放在首位。严格按照客户的要求去做好本职工作，平等互惠，提高效率。

2. 谢绝不能胜任的速录服务工作。签订合约要询问了解具体工作内容及要求，如实向客户说明自己的实际能力和所能够达到的实际程度。不得贪图个人效益弄虚作假。凡因个人原因未能实现合约承诺者，必须遵守行业规定，主动承担责任、提出善后补救意见，或赔偿客户损失。

3. 严格遵守国家的《保密法》。保密是速记工作者的基本义务和责任。尤其对于涉及国家秘密、工作秘密、商业秘密等，要求速录人员严格保密，不得泄露记录的内容。保守记录秘密，维护国家、团体、企业、当事人的利益是速录人员的核心职业守则。

4. 尊重知识产权。知识产权是公民、法人对自己创造性智力活动成果依法享有包括人身权利和财产权利在内的民事权利。速录人员对涉及知识产权，包括著作权、专利权、商标权、发现权以及其他科技成果，应当自觉守法。

5. 尊重个人隐私权。私人采访、回忆记录等，应尊重当事人个人隐私，未经当事人允许，不得在其他场合或自己的谈话、写作中引用，不得有意无意宣扬散布。

五、开拓创新与时俱进

1. 适应变化、抓住机遇、寻求发展、迎接挑战。发扬终身学习、崇尚科学精神，树立终身学习理念。

2. 拓宽知识视野，更新知识结构。潜心钻研业务，增强创新意识、勇于探索创新。

3. 提高专业技能、善于与时俱进，不断提高文化素养和专业技术水平。

4. 提高自身综合实力。将职业道德知识内化为信念，将职业道德信念外化为行为。促进事业发展，实现人生价值。

六、速录师的职业道德规范

1. 忠于职守，爱岗敬业。爱岗敬业是一个人从事任何职业的最基本要求，是职业道德规范的前提和基础。很难想象不热爱自己职业的人能够在本职业岗位上有所建树，所以作为译名速录师，首先要忠于职守、爱岗敬业。

2. 乐于吃苦，甘当配角。速录师是领导的助手，是辅助领导的工作人员。速录师必须明白自己的职场角色，即从属组织、服务领导。甘当配角必须做好：一要摆正自己的位置，树立服务意识；二要无私奉献，不为名利；三要敢于做无名英雄，埋头苦干，任劳任怨。

3. 实事求是，秉公记录。速录师要客观如实地记录别人的语言和信息，保证所速录的内容是实事求是。

4. 遵纪守法、严守机密。遵纪守法、严守机密是速录师职业道德的基本底线。

第三节　速录师职业道德建设

➤**学习目标**

● 理解并掌握加强职业道德建设的方法。

一、加强职业道德建设

如何加强职业道德建设？

第一，抓职业道德建设，关键是要抓各级领导干部的职业道德建设。第二，职业道德建设是一项总体工程，要在全社会各行各业抓职业道德建设，在总体上形成一个良性循环。第三，职业道德建设应和个人利益挂钩。第四，要站在社会主义精神文明建设的高度抓职业道德建设。第五，把职业道德建设同建立和完善职业道德监督机制结合起来。

二、职业道德与人的自身发展

1. 人总是要在一定的职业中生活

（1）职业是人谋生的手段。

（2）从事一定的职业是人的要求。

（3）职业活动是人的全面发展的最重要的条件。

2. 职业道德是事业成功的保证

（1）没有职业道德人干不好任何工作。

（2）职业道德是人事业成功的重要条件。

3. 职业道德是人格的一面镜子

（1）人的职业道德品质反映着人的整体道德素质。

（2）人的职业道德的提高有利于人的思想道德素质的全面提高。

（3）提高职业道德水平是人格升华的最重要的途径。

三、职业道德与企业的发展

1. 职业道德是企业文化的重要组成部分。

2. 职业道德是增强企业凝聚力的手段。企业是具有社会性的经济组织，在企业内部存在着各种复杂的关系。这些关系既有相互协调的一面，也有矛盾冲突的一面，如果解决不好，将会影响企业的凝聚力。这就要求企业所有的员工都应从大局出发，光明磊落、相互谅解、相互宽容、相互信赖、同舟共济，而不能意气用事、相互拆台。总之，要求职工必须具有较高的职业道德觉悟。

3. 职业道德可以提高企业的竞争力。

（1）职业道德有利于企业提高产品和服务质量。

（2）职业道德可以降低产品成本，提高劳动生产率和经济效益。

（3）职业道德可以促进技术进步。

（4）职业道德有利于企业摆脱困境，实现企业阶段性的发展目标。

（5）职业道德有利于树立良好的企业形象，创造企业著名品牌。

四、职业道德修养的途径

首先，树立正确的人生观是职业道德修养的前提。其次职业道德修养是从培养自己良好的行为习惯着手。最后要学习先进人物的优秀品质，不断激励自己。职业道德修养是一个从业人员形成良好的职业道德品质的基础和内在因素。一个从业人员只知道什么是职业道德规范而不进行职业道德修养，是不可能形成良好职业道德品质的。

职业道德修养的方法多种多样，除上述职业道德行为的养成外，还有以下几种。

（1）学习职业道德规范、掌握职业道德知识。

（2）努力学习现代科学文化知识和专业技能，提高文化素养。

（3）经常进行自我反思，增强自律性。

（4）提高精神境界，努力做到"慎独"。"慎独"一词出于我国古籍《礼记·中庸》："道也者，不可须臾离也，可离非道也，是故君子戒慎乎其所不睹，恐惧乎其所不闻。莫见乎隐，莫显乎微，故君子慎独也。"意思是说，道德原则是一时一刻也不能离开的，时时刻刻检查自己的行动，一个有道德的人在独自一人、无人监督时，也要小心谨慎地不做任何不道德的事。在提倡"慎独"的同时，提倡"积善成德"，就是精心保持自己的善行，使其不断积累和壮大。我国战国时哲学家荀况曾说："积土成山，风土兴焉；积水成渊，蛟龙生焉；积善成德，而神明自得，圣心备焉。故不积跬步，无以至千里；不积小流，无以成江河。"高尚的道德人格和道德品质，不是一夜之间就能够养成的，它需要一个长期的积善过程。

第四节 速录师的职业知识与能力

> ## 学习目标
> - 了解速录师职业知识结构与能力结构的含义和构成要素；
> - 明确合理的知识结构与能力结构对速录师职业发展的重要作用。

在科技的进步、社会的快速发展、现代企业日新月异的变化这一形势下，速录师面临着新的机遇和严峻的挑战。现代速录师要不断地对自己的知识结构进行自我调节、自我完善，以求更好地适应现代社会的发展和需求。

一、知识结构

是指一个人所掌握的知识类别，各类知识互相影响而形成的知识框架以及各类知识的比重。这里讲的"比重"，不仅指数量关系，也指质量关系。每一种工作需要的知识都有着不同的结构，速录师也不例外。为了胜任速录工作，速录师必须根据职业的需要建立起适合速录工作的、合理的知识结构，并根据时代的发展和社会的进步，不断更新自己的知识结构。

二、速录师知识结构的组成要素

职业知识不同于专业知识，对于一个速录工作者而言，一个完整、合理的职业知识结构应有三个方面：基础知识、专业知识、相关知识。

1. 基础知识主要包括自然科学知识和社会科学知识两方面。这是速录工作人员保持丰富头脑、开阔视野、扩大思路、提高工作效率的基础。

2. 专业知识可分为速录、速记专业的基础知识和速录行业知识两大部分。专业的基础知识包括语言学、文字学、写作学、公文研究、计算机操作、网络应用等。速录行业知识包括市场学、法律学、心理学、公共关系学、文书学、档案学、会务、礼仪等。

3. 相关知识包括速录职责范围、任务要求、行业规范和职业道德等。速录工作者不能"一俊遮百丑"，光会打字不行，还要熟稔本行业的相关知识，具备综合素质。

"知识就是力量。"此外，速录人员还应广泛掌握一些诸如创造学、情报学、编辑学、新闻学、传播学、社会学等方面的知识，扩大自己的知识面。追求知识可以长智，而智慧可以令人聪明能干，相辅相成，相得益彰。

三、速录师知识结构的构建方法

21 世纪是知识经济的时代。速录人员应该具备新的知识结构，拾遗补缺，不断更新、优化自己的知识结构。新世纪速录工作将变得越来越庞杂、新颖、高深，这就需要速录师是具有广博知识和各种综合能力的复合型人才。只有拥有新时代的知识结构，才能更好地发挥高速记录的技巧、技术和能力，并且能够发挥得淋漓尽致，更好地为当代社会服务。

1. 知识是基础，能力是关键。

速录师的知识和能力有着重要而明显的区别。知识是工具，能力则是目的。速录人员的学习包括两个阶段，一是对知识的接受、加工和存储，这是认识过程的第一次飞跃；二是遵循内在规律，通过正确的目标、方法、手段对自己的速录工作不断地调整和改进，这是第二次飞跃。第一次飞跃为第二次飞跃打基础，第二次飞跃是目的性飞跃，是质的飞跃。知识是速录职业必备的基础，其目的是提高速录的技术和能力。

2. 知识向能力的转化是一个动态的、由低层次向高层次发展的持续过程。一方面，从知识的学习到知识的掌握和应用，乃至转化为工作能力，必须经过不同阶段的实践和锻炼。知识向能力的转化是一个漫长持续的过程，一个人的才能就是在吸收、释放、再吸收、再释放的无限循环中增长起来的，想一蹴而就则是一种不可能实现的幻想。另一方面，当今时代是信息和知识以指数形式急速发展的时代，科学技术迅猛发展，谁掌握的新知识多而且转化为能力的速度快，谁就拥有生存权、发展权，否则，就会被社会淘汰。

3. 知识到能力有一段距离是客观的，但知识对能力形成的作用也不能否认。知识与能力两者相互依赖，相互制约，相互促进，共同发展。速录工作者在生活中必须不断地学习和掌握人类已有的知识经验，使之转化为自己的主观世界的部分内容，以备工作需要时提取出来，在高速度、高质量完成速录任务中发挥作用。因此，掌握知识是培养能力的基础，能力是挖掘知识宝库的钥匙，能力的发展离不开知识的学习，二者不可偏废。

速录能力是在掌握和运用综合知识技能的过程中发展起来的。离开了知识的学习，速录师的发展能力就无从谈起。同时，速录能力又是掌握知识的必要前提，不具备感知的人，就很难获得理性知识。

四、技能要求

作为一种职业，速录师也不是所有人都能胜任的。根据目前试运行的速录师职业标准，一名合格的速录师需要具备以下职业能力特征：一是需要具有较高的获取、领会和理解外界信息的能力，并具有较高的分析、推理与判断的能力；二是需要具有较高的以文字方式进行有效表述的能力；三是需要具备迅速、准确、灵活地运用手指完成既定操作的能力；四是需要具有根据听觉与视觉信息协调耳、眼、脑、手及身体其他部位，迅速、准确、协调地作出反应，完成既定操作的能力。可以看出，做一名合格的速录师，对体力、听力、理解力、记忆力、反应能力、协调能力的要求比较高，并不适合年龄偏大者从事。而且在培训初期，每天要练习输入 2～3 万字，需要忍受得住寂寞和枯燥。如果你还具备一定的其他专业知识，或者有英语或其他语言能力，那么在速录行业还将取得更大的发展。"专业知识＋速录"，可以在相关专业的展会、研讨会上一展身手；而随着更多世界性展会的召开，也会使"语言能力＋速录"成为继"同声传译"后又一个"金饭碗"。

第五节 速录师的心理素养

➤学习目标

◉ 了解速录师心理品质的含义和要求；

◉ 充分认识自我基础上培养良好的速录师心理品质。

一、速录师心理品质含义

心理品质，是指一个人在心理过程中和个性特征方面所表现出来的本质特征，主要包括情感品质、意志品质、性格品质等。

速录心理品质，指速录师在心理过程、心理倾向和心理品质等方面表现出来的稳定的心理特点和总和。良好的速录心理品质是指速录师善于自我调节和控制的心理活动，能经常保持心理平衡，以坚强的意志和毅力克服困难、增强信心、做好速录工作。

二、速录师必须具备一定的心理学知识

速录工作总是通过用户需求和速录对象之间的交互过程实现的。学习和掌握心理学知识，不仅有助于观察和了解用户需求以及公众的心理过程和特征，掌握他们的心理活动规律，并用这些规律来指导服务用户以及公众之间的交往，提高自己的业务质量和效果；同时也有助于科学地分析自己在高速记录上的心理过程及其特征，克服自己的心理障碍、提高自己的心理素质，更好地完成各项速录任务。

心理学知识十分丰富，速录人员要重点学好普通心理学、社会心理学、领导心理学、市场心理学和速录心理要求等方面知识。

1. 普通心理学是研究心理学基本原理和心理现象的一般规律的心理学，是所有心理学分支的最基础和一般的学科，也是心理学专业学生入门的第一门专业课程。普通心理学包括有关感受性的测量和各种感知觉的机制，学习与记忆的形式和过程，思维的各种操作，言语的知觉和理解以及能力的测量、人格的结构等。

2. 社会心理学注重探讨人们社会心理发展和日常生活实践中的运用。如社会化、社会认知、社会动机、社会态度、人际吸引、社会影响、群体心理等，以及一些重要的社会心理现象，如从众、依从、责任分散、去个性化、刻板印象等。

3. 领导心理学的研究，现代出现了很多新观点，这些新观点检视了作为心理过程的领导以及处于各种组织约束条件和机会之中的领导行为，引起了社会心理学家和组

织心理学家的兴趣；同时也会引发管理界的兴趣。围绕着这些新观点的各种论题，对于速录人员从业而言，这是必备知识。

4. 市场心理学研究市场活动参与者的体验和行为，观察对象是供应方、需求方和市场管理者，涉及供应商的市场营销活动，其中包含沟通、广告、营销等。速录人员学习的重点应在于从经济学的视角观察其行业动向，并了解经济伦理学的行为相关知识。

5. 速录心理要求的含义是指速录师心理各个方面及速录工作过程中，始终处于一种良好或正常的状态。要求的理想状态是保持性格完美、智力正常、认知正确、情感适当、意志合理、态度积极、行为恰当、适应良好。

三、了解与掌握速录心理要求对于速录师发挥速录技能、提高工作效率具有很大的意义

心理良好是指一种持续且积极发展的心理状态，在这种状态下，主体能作出良好的适应，并且充分发挥其身心潜能。当掌握了要求自己的速录心理标准，以此为依据对照自己，进行心理的自我诊断。发现自己的心理状况某个或某几个方面与要求标准有一定距离，就要有针对性地加强心理锻炼，以期达到良好的心理水平。

初入职场、涉世不深、经验不多的速录人员，最大的心理障碍是紧张、怯懦、焦躁、心底空虚、信心不足。这个时期应从心理上及时增强调控自我、承受挫折、适应环境的能力，完善自己健全的人格和良好的个性心理素养。对此，意志和注意力至关重要。

意志是人们自觉地确定活动目标，支配自己行动，克服重重困难，以实现预定的目标的心理过程。意志是成功做任何事情的阶梯。速录师的意志素养有如下特点：目的明确合理，自觉性高；善于分析情况，意志果断、坚韧，有毅力，心理承受能力强；自制力好，既有现实目标的坚定性，又能克制干扰目标实现的愿望、动机、情绪和行为，绝不放纵任性。

注意力是一切活动取得成功的心理保证。如果一个人缺乏注意集中和保持稳定的能力，就不能很好完成有目的的活动。注意力高度集中是速录师素质的突出特点。

具备一定的心理学知识，不断地提高和完善自己速录职业的心理素养，对于速录工作有很重要的普遍意义。

下篇

速录实务

第四章 汉语速录基本符号与击键法

第一节 汉语速录基本符号

汉语速录是在汉语语音基础上，借助对电脑字、词库的了解，实现把话语快速、准确记录下来之目的。因此，完整记录语音是关键，清楚字词构造是保证。

汉语全息速录法是集汉语、汉字的发音、声调、词性和使用度等全部信息综合而成。在汉语拼音方案的基础上，对声母、韵母的音位、音效进一步实行精准地解析，并将它们都用一个指定的键盘符号表示出来。

熟练地掌握和运用速录使用的语音符号，是实现汉语速录的基础。

一、汉语语音的键盘符号

合理、准确、清晰地区分和表示语音，是汉语速录的基础。汉语语音的基本符号分声母、韵母两种。韵母又分为单韵母与复韵母两种。本讲首先学习声母与单韵母。

1. 声母

汉语的声母共有21个，键盘符号基本与汉语拼音方案相同。其中三个双字母声母符号全都用一个键盘符号代替，还有就是 n 用 y 表示。

汉语声母表，如表4-1所示，括号内为汉语拼音符号，以下同。

表4-1 汉语声母表

b (b) p (p) m (m) f (f)	d (d) t (t) y (y) l (l)
g (g) k (k) h (h)	j (j) q (q) x (x)
w (zh) ; (ch) / (sh) r (r) z (z)	c (c) s (s)

在英文里声母 n 与韵母 n 发音部位、发音方式和发音效果都相同。但在汉语中声母（n）是舌尖音，韵母（en）是前鼻音，无论发音部位、发音方式和发音效果都不同。因此在速录中大家一定要注意这两个符号的区分。

2. 单韵母

单韵母是指单一音素的韵母。单韵母发音时发音部位不变化。汉语的单韵母共有9

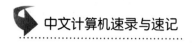

个，如表4-2所示。

表4-2 汉语单韵母表

a（a）**o**（ao）**e**（e）**n**（en）**er**（er）**i**（i）**u**（u）**v**（yu）**w**（eng）

根据表4-所示，报告应为 bogo，不能打成 baogao；根本应为 gnbn，不能打成 genben；韵母 i 和 u 自成音节前面不能加 y 和 w。如：依靠 iango，无故 ugu……

二、相关规则

1. 声母字

在汉语拼音方案里声母不能自成音节。但计算机中文速录上为减少击键数，规定了每个声母都能代表一个汉字。它们是：b 伯、p 颇、m 莫、f 佛、d 的、t 特、y 呢、l 了、g 个、k 可、h 和、j 及、q 起、x 西、w 只、；吃、/是、r 日、z 自、c 次、s 丝。

并且，在声母自成音节里，声母均不带韵母。如：博士 b/、特殊 t/u、一个 ig、基本 jbn、制度 wdu、日子 rz、子女 zyv、思考 sko……

2. 高频字

汉语中有的单字使用频率很高，在中文速录上用它们的声母一键打出，它们都是排在第一位上。例如：b 不……

此外，还有些一键打出的单字，以后我们将陆续学到。因此，本课学到的声母字，要求大家一定记住它们的位置，达到不必看选字屏就能快速打出它们来。

汉语的单韵母共有9个。

单元音韵母都能自成音节。除"er"外，也都能与声母相拼。

3. 单韵母字

语言学中韵母都是可以自成音节的。因此我们只要记住这些键盘符号所代表的单字是哪个就行了。除 w（嗯）外，它们的位置都在第一个上。它们是 a 阿、e 俄、o 奥、i 已、u 勿、v 与、n 恩。

三、作业

1. 汉语速录的目的是什么？要把握哪两个关键点？

2. 电脑的字母字有哪些？它们与高频字有哪些区别？举例说明？

3. 将输入法切换到"汉语速录"状态下，在电脑上熟练打出下面的汉字（要求4遍/分钟）。

不、伯、颇、莫、佛、的、特、呢、了、个、可、和、及、起、西、只、嗯、吃、是、日、自、次、丝、俄、奥、已、勿、与、恩。

4. 词汇练习。

奔跑	复本	登报	道路
诚恳	仍以	舍得	绿灯
陶瓷	草木	曾以	批复
跑步	烤瓷	你好	努力
舞迷	热闹	怎么	扫射
遭遇	那么	嫩生	能人
普米	及其	戏剧	僧门
继续	取得	女生	包机
导播	劳苦	盆浴	门神
痕迹	苦熬	细沙	木刻
仔细	法制	聚集	份额
遭到	住址	证书	成语
傲骨	谜语	生日	着急
哪怕	大陆	盛大	叙述
奥秘	礼物	稀少	奇特
懊恼	绿茶	诚意	好意
八股	目睹	超额	极薄
复杂	故意	考查	能人
到处	歌舞	考古	逆差
驱逐	具体	扫地	模拟
气氛	这里	彻骨	少刻
旅途	真正	找到	至少
书本	更正	吭声	礼貌
增大	那里	恼怒	泥土
照顾	争气	只是	尺度
胜利	珍珠	歌曲	必须
生成	热腾腾	富饶	成人
如意	仍是	一致	提升
出入	阻隔	递增	无须
突起	记录	程序	根据

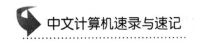

第二节 键盘操作与坐姿的要领

中文速录师是信息社会新兴的职业。最突出的职业特点是：快速准确的键盘操作技能、严格规范的语言文字知识和较高较强的文化、业务素质。

娴熟的键盘操作技能，是速录员训练最关键的基本入门。开始训练时，切记不能急躁，一定遵循十指分工、节奏清晰、力度适中、动作流畅自然的原则，这样才能为以后的提速打下良好基础。如果不能重视规则，不良的动作习惯养成很容易，但如果以后再想改正，那就很难了。

我们承认每个速录员都有自己快速击键的独特技巧，但是标准规范的坐姿、十指分工都是相同的。也就是说以下原则必须严格规范。

一、坐姿

速录员工作时一定要端正坐姿。如果坐姿不正确，不但会影响打字速度的提高、影响击键的准确性，而且很容易疲劳，不利于注意力的高度集中。正确的坐姿有如下几点。

1. 两脚平放，腰部挺直，两臂自然下垂，两肘贴于腋边。

2. 身体可略倾斜，离键盘距离约为 20～30 厘米。

3. 打字时眼观显示屏幕，身体不能跟着倾斜。

4. 手掌根部要轻松自然离开键盘，手腕与手背的运指动作轻松自然，手指自然弯曲，指尖触键快捷有力。

二、键盘分工

准备打字记录时，除拇指外其余的八个手指分别放在基本键上，拇指放在空格键上，十指分工，包键到指，分工明确。

每个手指除了指定的基本键外，还分工有其他的键位，称为它的范围键。如图 4-1 所示，其中蓝色键由小手指负责，红色键位由无名指负责，灰色键位由中指负责，绿色键位由食指负责，浅灰色空格键由大拇指负责。

正确的击键手法一定要做到：

1. 手指一定要按照分工，快速击打在正确的键位上。

2. 有意识地慢慢记忆键盘各个字符的位置，体会击打不同键位手指的感觉，养成不看键盘打字的习惯。

3. 每击完成后，手要迅速回位。回位的目的是为下次击键准确作准备。

4. 进行打字时必须集中精力，做到手、脑、眼协调一致。

5. 初学者即使速度慢，也要保持准确性。

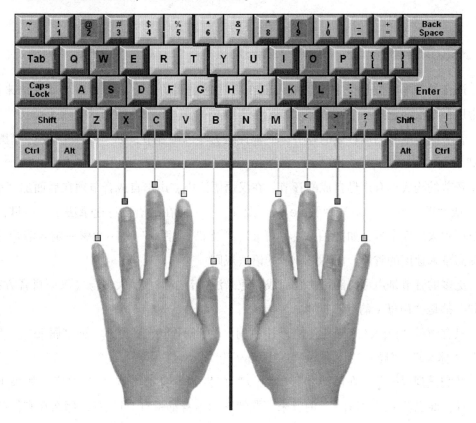

图 4 - 1 十指分工图

三、作业

1. 速录工作的坐姿要求是什么？十指击键的要领有哪些？

2. 键盘练习：熟练牢记键盘的基本键和范围键的规定，并将输入法切换到英文状态下，在电脑上熟练打出汉语速录声母表与韵母表（要求 5 遍/分钟）。

3. 将输入法切换到汉语速录状态下，快速打出第一节作业 4 的词汇来，要求 5 分钟内打完。

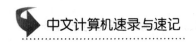

第三节　音节连击法

一、汉语音节

语音的基本单位是音节，它是人们在听觉感受到的最小语音片段，就汉语来说，通常用一个汉字记录一个音节。

音节的构成有韵母自成的音节，通常称之为零声母音节，如"阿"、"俄"、"奥"、"恩"。

音节的构成也有声母自成的音节。在汉语语法中，声母自成音节须在后面加"e"、"o"或"i"，如"伯 bo"、"科 ke"、"及 ji"……而在汉语全息速录法中，声母自成音节可省去后面字母，如"伯 b"、"可 k"、"及 j"、"西 x"……大家一定要清楚这是为提高录入速度的省略，而不是一般的语法规则。

更多的音节是声母与韵母拼合而成。速录法的音节拼合，大多与《汉语拼音方案》相同，都是"声母＋韵母"即可。

只有声母"j q x"，与其他韵母相拼时，中间不能夹带"i"。如"届 je"、"恰 qa"、"休 xu"、"局 jv"、"乔 qo"、"顷 qw"、"辛 xn"……

其实道理很简单，在汉语中，"j q x"的发音本身都带有"i"的音。如果不带"i"音，谁也发不出"j q x"的音来。既然它们本身都带有"i"音，那么在它们与其他韵母相拼时还要带"i"，就没有必要了。

二、音节分击法

在速录中，音素都是用一个键盘符号表示的。因此，每一个汉语音节击键都是"声母—韵母"，每一个汉字大多都是两击而成（自成音节字外）。初学者一定要掌握好这种"声母—韵母、声母—韵母、声母—韵母……"的二拍击键节奏。这是速录员击键的基本节奏。

三、音节连击法

在速录高级阶段，还必须掌握音节连击法。因为分击法对拼合音节在大脑反应中，是分为声母、韵母两步节奏。如：打"爬"，大脑反应"p"和"a"两步。打"大"，大脑反应"d"和"a"两步……

音节连击法要求对拼合音节必须作为一个整体单位来反应。如：打"爬"，大脑反应就是"pa"一步，也就是说右手"p"和左手"a"几乎同时击键。打"大"，大脑反应就是"da"一步，也就是说左手中指"d"与左手小拇指"a"两键出手速度极快，几乎同时击键。

打词汇也是如此。如打"啪嚓"这个词，绝不可打成"p—a—c—a"式均匀的四点节奏，而应该打成"p－a—c－a"式近似于两点的节奏。打"大家"这个词，绝不可打成"d—a—j—a"式均匀的四点节奏，而应该打成"d－a—j－a"式近似于两点的节奏。这种击键节奏我们称之为"连击法"。

人们说话时发出的是一连串的语流。对语流加以分析，首先得到的是在语调上和意义上都完整的音段，即句子。对构成句子的语流进一步加以分析，可以得到若干较小的音段，即节拍群。速录连击法的特点是对这个节拍群的击键节奏以音节为单位。

连击法的训练要掌握"念"和"打"两个要领。

"念"，要求大脑对音节形成组合反应。如"道"字，应念成"do"，不能念成"d—o"，"理"字，应念成"li"，不能念成"l—i"。要跟平时说话、朗读一样，"道理"，应念成"do—li"，不能念成"d—o—l—i"。

"打"，要求手指对音节形成快速节奏。"道理"应打成"do—li"，较明显的双节奏，不能打成"d—o—l—i"式的四点节奏。

总之，速录对语音的反应及双手操作都应以音节为单位。习惯的养成需要不懈的用心训练，速录高手都必须能够熟练运用连击法。

四、作业

1. 什么是音节？举例说明零声母音节和拼合音节？

2. 声母"j q x"的拼合音节与《汉语拼音方案》有什么不同？为什么？

3. 什么是速录连击法？它的击键节奏是以什么为单位？

4. 试用连击法打出下列音节。

ba pa ma fa da ta ya la ga ka ha ja qa xa wa ；a ／a za ca sa

bo po mo do to yo lo go ko ho jo qo xo wo ；o ／o ro zo co so

we ；e ／e re ze ce se

bn pn mn fn dn yn gn kn hn jn qn xn wn ；n ／n rn zn cn sn

bi pi mi di ti yi li

bu pu mu fu du tu yu lu gu ku hu wu ；u ／u ru zu cu su

yv lv jv qv xv

bw pw mw fw dw tw yw lw gw kw hw jw qw xw ww ；w ／w rw zw cw sw

5. 用分击法打出下列词汇。

报答	博客	导致	阿姨
恩意	如此	奢侈	女士
道理	扫地	粗大	能力
巴西	徒劳	复本	录取
无法	提包	分布	跋涉
登记	叽咕	时髦	本地
封闭	稀奇	稍高于	思路
旅程	细目	宝石	贸易
私事	保护	糊涂	不力
恶魔	语库	基本	其他
资本	治理	巨大	盆地
打扰	住址	证书	成语
傲骨	谜语	生日	着急
哪怕	大陆	盛大	叙述
奥秘	礼物	稀少	奇特
懊恼	绿茶	诚意	好意
八股	目睹	超额	极薄
复杂	故意	考查	能人
到处	歌舞	考古	逆差
秘书	横幅	考虑	拟声
汽车	稽查局	富饶	好处
绿灯	高大	老一套	知道
抒发	极少	绿草	特征
憎恨	毛皮	立刻	保证
扎根	政府	提成	语意
增益	牢靠	曲折	恩德
注意	门道	一度	生意
登报	目的	大致	升格
入库	绕道	隔壁	正大
图书	突出	路程	无比

第五章 汉语语音

第一节 汉语复韵母（1）简拼

一、汉语复韵母

发音时舌位和唇形始终不变的元音叫单元音，表示单元音的符号叫单韵母。前面我们已经学习了汉语的9个单韵母。

发音时舌位和唇形都有变化的元音叫复合元音，表示复合元音的符号叫复韵母。

复合元音由两个或三个元音构成，在发音过程中口腔、舌位、唇形由前面元音的发音状态快速变为后面元音的发音状态拼合而成。

我们首先来学习以 a、e、o 开头的复合元音，如表5-1所示。这些复合元音的发音特点是由前元音快速滑向后元音。前一个元音是主要元音，舌位比较固定，而后元音的舌位不大固定，实际上只表示舌位移动的方向，发音时往往不到位声音就结束了。

以 a 开头的复合元音有：ai、an、ang。

以 e 开头的复合元音有：ei。

以 o 开头的复合元音有：ou、ong。

二、复韵母的简拼

由于复合元音都是两个或两个以上元音组成。在速录中，为减少击键次数，对于复合元音我们都是用一个声母符号来表示它们的。这种用一个指定的声母符号来表示一个确定复合元音的方法叫简拼。

ai、an、ang 的简拼规定为：s、h、k。如，开门 ksmn，比赛 biss，看书 kh/u，干部 ghbu，刚才 gkcs，抵抗 diangk。

ei 的简拼规定为 d。如，累积 ldj，倍数 bd/u。

ou、ong 的简拼规定为：g l。如，欧洲 gwg，能够 ywgg，歌颂 gsl。

表 5－1　a、e、o 开头的复合元音表

	i 衣	u 乌	n 恩	w 鞥
a 阿	ai 哀 s		an 安 h	ang 昂 k
e 鹅	ei 欸 d			
o 熬		ou 欧 g	ong 轰（韵）l	

注：黑体字母为简拼规定字母。

在速录中，不管是拼合音节还是零声母音节，凡是复韵母都要用简拼。例如：阻碍 zuai，安排 hps……

三、作业

1. 单元音与复元音在发音上有什么不同？

2. 以 a、e、o 开头的复合元音有哪些？它们的简拼字母是什么？

3. "只有在拼合音节里用简拼，零声母音节不用简拼"的说法对不？

4. 熟记复合元音表。

5. 键盘练习：熟练打出下列词汇（要求 7 分钟）。

跋涉	挨饿	松口	弄到	内容	褴褛
苟且	台风	拍摄	空谈	扎针	开幕
安排	傲视	办理	沉思	赛跑	丧失
波动	内部	门市	战报	查哨	没收
障碍	内地	焚烧	防尘	佛山	恶意
颁布	废止	等待	塘泥	破费	宝物
破产	累积	烹任	红烧	导致	茂盛
保持	欧洲	恳谈	空头	孬种	跑车
保守	霸主	层次	工本	超额	奔波
炮击	漏洞	悲郁	美称	啃骨头	喷灯
到达	头目	欧美	雷锋	奔跑	门岗
陶瓷	构造	割切	跟梢	跟头	分号
劳动	扣除	厚道	叩首	森然	很难
高额	后生	仇恨	终生	生辰	恳挚
考核	再生	东欧	总共	棚车	跟着
好比	鞍山	同胞	人身	风衣	深沉
闹哄	喝茶	空气	奶茶	承担	贞操

抗议	农机	萌生	让人	海产	沉痛
难道	版刻	崩塌	那次	暗中	增高
恩赐	盘升	狼嚎	内务	改动	僧门
恩爱	丹参	藏身	感召	开设	更深
恩人	繁重	匆忙	函授	轴承	横暴
嫩生	懒汉	肮脏	山城	费神	铿然
本来	甘苦	农垦	开道	赔偿	登高
奋发	战争	赞歌	抬升	内功	冷藏
根本	产生	豺狼	凑拢	黑客	能否
耿直	真正	非常	保障	投身	腾飞
正在	三更	陌生	猫冬	口岸	丰收
城市	早安	栽培	泡沫	周刊	锰钢
成人	妨碍	考生	拨打	购物	朋党
胜利	冷宫	豪绅	模范	磐安	摆渡
生凑	横暴	吵闹	代号	范畴	排场
怎么	恼恨	难改	来生	汗珠	脉冲
参差	稀少	氖灯	感受	缠手	海产
深度	酷爱	囊空	函诊	散失	改造
坑害	能动	牢靠	照射	难以	拆除
横峰	看成	导播	烧包	浓厚	猜想
好歹	安分	照抄	闹事	绑匪	男生
能力	招安	沉默	囊虫	蟒袍	招工
农家	楼阁	感激	杭州	通知	重申
刚才	山寨	满额	航班	总数	执照
开恩	长处	注意	空中	苍白	史册
函授	终于	缠手	公寓	松柏	沙场
当然	废物	商场	改善	从来	战胜
统筹	盲从	放手	隆重	总称	颤抖
奶粉	攀扯	讽刺	工农	散热	拆除
缆绳	摆设	东西	烫头	参数	章程

第二节　汉语复韵母（2）"i"开头的复韵母

一、"i"开头的复韵母

在全拼中，复韵母都是由两个或多个字母表示，主要表示它们的音素结构，供分析发音用。而在速录上都要使用它们的简拼，要求大家必须熟练掌握它们的简拼字母。

"i"开头的复韵母在汉语拼音方案中，都要在前面加"y"。但在速录中，由于每个复韵母都是使用它们的简拼，所以一定要注意不要在前面加"y"。

1. "i"与单元音相拼的复合元音表，如表 5 - 2 所示。

表 5 - 2　"i"与单元音相拼的复合元音表

	a	e	o	n	w
i	ia **z**	ie **q**	iao **x**	in **j**	ing

注：黑体为复韵母简拼。

2. "i"与复合元音相拼的复合元音表，如表 5 - 3 所示。

表 5 - 3　"i"与复合元音相拼的复合元音表

	ou **g**	an **h**	ang **k**	ong **l**	
i	iu **c**	ian **b**	iang **p**	il	

注：黑体为复韵母简拼。

3. 复韵母"il"不与其他声母相拼，它没有简拼。

二、作业

1. 试说明表 5 - 4 中各字母及组合的意义？

表 5 - 4　题 1

	an **h**
i	ian **b**

2. i + e → ie 是表示发音结构吗？ie 是怎样发音的？

3. 词汇练习：熟练打出下列词汇（要求 6 分钟）。

压倒	摇动	也是	有志	孽海	掩盖
业已	因此	表扬	谬奖	牛油	应该

要点	拥护	零食	面条	数量	浏览
又是	连同	别名	来宾	年份	辽宁
严格	分别	片面	明亮	酿造	森林
飞扬	飘舞	商品	跌势	您好	兵营
涌动	丢失	评判	钢铁	调动	民生
标志	牛奶	跌倒	丢掉	劣质	漂亮
盈利点	并不	漂浮	点名	材料	重叠
另类	猛烈	便利	一定	留影	天空
贴息	调和	贫苦	跳槽	联合	平凡
音量级	谬说	平正	变动	良药	流年
使用	面积	灭口	时刻	齐齑	宁可
亮丽	中央	飘逸	电影	领导	热烈
扩音器	聊天	渺茫	天生	叮咛	鸟网
湿淋淋	灵机	掉包	年表	停表	别扭
病号	拥有	挑拨	练兵	凝视	撇开
亚洲	店面	鸟贝	标杆	首领	蔑视
叶蜂	门票	辽东	粮食	庸俗	铁尺
电动机	良方	表演	梁山	酿制	铁门
又要	眼里	拥挤	酿成	定神	灭顶
延长	撇弃	挑拨	两次	鸦片	涅槃
洋葱	袅绕	丢弃	飙升	凄惨	劣势
隐藏	重叠	牛耕	便又	摇动	听众
蝴蝶	疗养	留别	票号	右边	敏感
拥抱	捏造	面容	缤纷	严惩	铭刻
压根儿	猎鹰	憋闷	品德	扬州	调配
漂白剂	别的	电流	民主	引起	也是
灭虫剂	撇闪	编审	你们	映衬	藐视
朋友	灭杀	片中	调羹	咏柳	调研
掩盖	表针	面罩	撇撒	鸟笼	跳闸
鸟瞰	年迈	牛肉	了得	炼乳	压场
疗程	铁汉	流程	宾客	撇闪	汽车
蹑足	劣质	迭现	拼搏	顶用	油炸
铁钉	便是	姑娘	民事	停止	衍射
丢脸	偏风	粮食	您对	狞笑	利用
牛犊	面试	灵堂	临时	零用	压迫
留神	店东	宾客	频繁	廉耻	也要
扭秧歌	摹根	腰包	应酬	扬州	切面
浏览器	猎艳	联播	漂泊	冰炭	吊灯

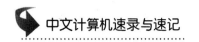

第三节　声母 "j"、"q"、"x" 规则

一、简拼与全拼概念

由两个或两个以上音素组成的韵母是复韵母。复韵母的表示通常有两种形式。

1. 简拼：用一个字母简捷表示一个复韵母的形式称作简拼。例如：安 h、埃 s……

2、全拼：用复韵母音素的所有字母组合来详细表示复韵母的形式称作全拼。例如：安 an、埃 ai……

二、"i" 开头的复韵母的全拼形式

1. "i" 开头的二元音复韵母的全拼一般都是由 "i" 与其他韵母拼合而成。如：ia、ie、iao、iu、in、ing……

2. "i" 开头的三元音复韵母的全拼一般都是后面两个元音均采用简拼而组成。如 i＋an→ian、i＋aw→iang、i＋ong→il……

三、声母 "j"、"q"、"x" 与 "i" 开头的复韵母相拼规则

声母 "j"、"q"、"x" 与 "i" 开头的复韵母相拼，韵母不能直接使用它们的简拼，而是使用全拼，并且必须去掉 "i"。大家一定要注意，例如：

"间" 要打 "jh"，不能打 "jb"，因为 "ian" 省去 "i" 后为 "h"，再如 "前 qh"、"先 xh"、"将 jk"、"强 qk"、"像 xk"、"穷 ql"、"匈 xl"。

声母 "j"、"q"、"x" 与 "iu" 相拼不能打为 "jc"，这里要注意也不能打为 "jg"。而是沿用了《汉语拼音方案》的习惯，直接省去 "i"，打为 "ju"。如 "就 ju"、"求 qu"、"休 xu"。

同样，声母 "j"、"q"、"x" 与 "ie" 相拼不能打为 "jq"。而是沿用了《汉语拼音方案》的习惯，直接省去 "i"，打为 "je"。如 "届 je"、"且 qe"、"些 xe"。

声母 "j"、"q"、"x" 在速录里的使用规则，是初学汉语速录必须格外注意的要点。对于正确理解语言学音素概念及拼音规律，对于提高语音记录速度，都非常重要。

四、作业

1. 根据 "间 jh"、"前 qh"、"先 xh" 三个字打法，说明 "j"、"q"、"x" 规则是什么？

2. "届 je"和"就 ju"与其他"j"、"q"、"x"音节有什么不同？它们的根据是什么？

3. 词汇练习：熟练打出下列词汇（要求8分钟）。

加强	简单	享受	结果	救助	桀骜
交通	江西	雄辩	谬奖	休息	娇嫩
详尽	窘促	行动	侵犯	鸟枪	救难
坚定	洽谈	新生	民勤	进步	坚守
现金	切当	边检	明显	经常	清楚
扬琴	侨胞	鬓角	笑容	写字	兼并
并且	修身	冰球	边界	凝想	紧急
急切	求证	撇清	桥洞	比较	京城
家庭	下午	恰当	点清	了解	洽购
接见	谢恩	偏巧	定型	写真	切点
界线	校庆	贫穷	条件	联想	侨联
叫响	朽败	凭信	天球	强迫	求爱
纠缠	限额	巧变	听写	邻角	钱财
强调	央求	窃取	轻松	心术	恰巧
琼楼	新年	较硬	修理	秋天	下属
侵犯	影响	条件	年表	行动	切点
情报	英雄	挑拨	琼山	酒家	琉球
下场	恰逢	切割	煎炒	邪恶	较好
夏令营	洽商	敲诈	签发	迥然	消灭
妖精	狭隘	交手	献身	穹苍	想念
游戏	竭诚	敲定	抢劫	凶恶	零星
庆祝	窃喜	小调	情感	刑罚	无穷
将来	谐音	丢弃	将近	凄惨	墙壁
酒店	跌跤	球赛	抢救	休克	节食
秀美	铁架	就业	相等	就要	切割
研修	写生	纠正	拼搏	闲散	谢安
香火	信仰	星辰	汹涌	扬州	标志
漂白剂	别的	秀才	民间	引起	也是
要求	撤闪	编审	你们	映衬	藐视
友情	灭顶	片中	紧张	勇气	调研

掩盖	表针	面罩	勤务	价值	跳闸
鸟瞰	韭菜	减少	乡愁	侵蚀	请示
疗程	秋千	牵制	宾客	信纸	醒悟
角度	修理	显示	拼搏	顶用	窘促
消减	便是	娘家	民事	停止	穷竭
丢脸	偏风	粮食	您对	狞笑	凶神
牛气	面试	将来	临时	零用	压迫
留神	店东	强求	紧张	竞争	也要
扭秧歌	孽根	腰包	将领	扬州	切面
浏览器	结束	又是	抢亲	应酬	吊灯
岩石	切近	酒楼	相同	拥挤	调控
应届	写照	修行	定神	加封	袅绕
严谨	飙升	便又	听众	商洽	疗养
央视	票号	片警	敏感	峡谷	狡辩
勇武	渺小	面容	铭刻	憋闷	桥牌
加工	调配	电流	窘境	撒撒	效仿
天象仪	调羹	卡壳	穷竭	灭亡	丢掉
虾米	鸟笼	年迈	雄辩	跌价	牛肉
蹩脚	了得	炼乳	压场	铁汉	留给
剪刀差	教程	撒闪	汽车	蹑足	纠缠
灭尽	巧合	潜能	千斤	劣质	求证
迭现	销量	先哲	优质	接收	修长
铁钉	丢失	娘舅	掩饰	斜杠	秀雅

第四节 汉语复韵母（4）声母辨析

一、"u"开头的复韵母

"u"开头的复韵母，与"i"开头的复韵母一样，在速录上都要使用它们的简拼。并且它们前面不能加"w"。要求大家必须熟练掌握它们的简拼字母。

但是，本章各讲里的复合元音表所列出的全拼，只是在于说明该复韵母的音素结构及正确的发音方法。另外，由于汉语全息速录法采用的是"语音模糊、语意准确"的基本原则，简拼码不利于快速读出语音，所以在速录工作中，也常常使用它们来作为记录人名、地名或生僻词汇的代码。熟练掌握它们，比使用汉语拼音方案字母，会快得多、准得多。

1. "u"与单元音相拼的复合元音表，如表5-5所示。

表5-5 "u"与单元音相拼的复合音表

	a	e	n	w
u	ua z	ue f	un t	uw

注：黑体为复韵母简拼，ueng 没有简拼。

2. "u"与复合元音相拼的复合元音表，如表5-6所示。

表5-6 "u"与复合元音相拼的复合音表

	ai s	ei d	an h	ang k
u	**uai q**	**ui y**	**uan r**	**uang p**

注：黑体为复韵母简拼。

二、声母辨析

普通话声母与方言相比主要有三个特点。一是能区分舌尖前音 z、c、s 和舌尖后音 w、、/，二是能区分舌尖鼻中音 y 和边音 l，三是能区分唇齿音 f 和舌根音 h。方言区的人学习速录特别要注意这三组声母的区别。

普通话是当前我们共同的工作用语，根本的方法应努力地学好普通话。音正调准的普通话，也会大大地提升我们的工作、交际能力。

但是"乡音难改",学习速录也并不是必须普通话水平很高。很多速录高手他们的方言都很重,但文字录入的速度却很快。实际上,当前社会对于熟悉方言的速录人才的需求还是很大的。

所以学好速录关键不在说,而在于通。例如有人读"发"和"花"语音不分,但若查字典或手机发短信都能很清楚用"h"或"f"。用手机发短信也很清楚,一般不混淆。所以要学好速录,不一定普通话说得很好,但关键要通晓汉字的语音规律。

三、作业

1. 试说明表 5－7 中各字母及组合的意义?

表 5－7　题 1

		ai	s
u		uai	q

2. 方言区的人能学好速录吗?为什么?

3. 字词练习:熟练快打下列字词(要求 6 分钟)。

瓦解	夸奖	活动	魁首	乱套	装扮
我们	滚动	琢磨	会场	观众	窗口
外国	卦辞	交错	追悼	宽绰	爽快
违心	夸张	说谎	吹风	还击	蹲点
弯曲	欢呼	怪物	税额	专科	吞金
往日	抓住	快乐	对准	传声	轮转
温和	瓜分	怀疑	推移	拴缚	滚绳
瓮城	刷洗	揣测	端正	光溜	困顿
窝囊	国宾	摔跤	团拜	矿工	昏暗
宽广	扩充	规范	暖房	皇冠	准备
纯水	伟大	要滑	要弄	揣摩	暖风
瞬间	尊敬	挪用	诺言	甩掉	乱腾
翁牛特	管理	落水	螺钉	对应	观点
孙悟空	困难	过错	国税	退还	宽阔
催促	规定	火山	阔绰	贵重	环抱
怀念	推动	卓著	货船	溃疡	转会
亏损	虽然	戳穿	卓绝	悔恨	传单
关系	环保	说话	绰号	追究	木栓

专门	挂花	挂零	说唱	吹捧	敦促
传染	夸张	夸耀	怪诞	水荒	屯留
涮锅子	花束	花招	快餐	断绝	滚针
算盘	抓权	抓紧	换届	团圆	困守
昏迷	论调	捆绑	尊崇	顺耳	落槌
准绳	滚圆	纯粹	旋转	顺风	过意
纯正	混蛋	村寨	损害	损失	扩张
顺手	浑浊	暖冬	搜刮	横跨	或者
光照	准绳	乱说	果然	挂钩	着手
旷代	唇舌	观光	阔气	夸口	辍学
黄豆	顺从	宽宏	活泼	画展	说定
装衬	遵守	欢畅	混浊	抓斗	拐棍
闯将	村庄	转述	辍笔	刷新	快门
丰硕	损坏	传承	左右	多边	坏蛋
顿挫	错误	涮肉	准绳	妥善	甩手
挪窝儿	绿洲	所求	纯真	错乱	对方
推崇	翻滚	宽容	退税	水准	敦煌
归并	断定	幻灯	诡诈	拐骗	论断
葵花	团委	专柜	亏耗	快艇	滚烫
回转	暖香	串换	会诊	怀旧	困惑
追赶	乱杂	栓塞	追缴	衰竭	昏沉
垂柳	关东	对唱	锤炼	春节	准信
睡觉	混乱	短见	说唱	尊敬	装备
吞并	转会	豁免	跨度	损失	框架
创新	双轨	传闻	幸亏	追打	快手
主人翁	门闩	华侨	瓜秧	刷洗	谈论
鬼祟	吹捧	随和	宽让	团拜	暖冬
怪异	衰退	江淮	光斑	断言	团委
昏黑	专门	关东	垂直	酸甜	渔翁
环绕	困顿	壮丽	怀疑	蹲坑	撰序
归顺	吞咽	斟酌	存款	轮廓	率领
垂柳	诺言	醉歌	刮遍	浊音	宽延

第五节　汉语复韵母（5）韵母辨析

一、"v"开头的复韵母

"v"开头的复韵母只有三个，它们是 ve、vn、rh，用两个韵母符号表示它们的音素结构，供分析发音用。而在速录上一般使用它们的简拼 y、t、r，要求大家必须熟练掌握它们的简拼字母。

"v"与元音相拼的复合元音表，如表 5-8 所示。

表 5-8　"v"与元音相拼的复合元音表

	e		n		an	h
v	ve	y	vn	t	van	r

二、韵母辨析

1. 普通话里带鼻音韵母 n 和 w，有的方言只有一个鼻音韵母。例如上海、福州、潮州等地只有 w 韵尾，没有 n 韵尾。尤其表现为 in、ing 不分。

同声母辨析方法一样，方言中韵母分辨不清的，一定要记住音节的代表字，并要熟悉与该代表字相同的同音字。

例如：音节"；n"要记住其代表字"陈"、音节"；w"要记住其代表字"成"，并要熟悉与它们相同韵母的字都有哪些。

"陈"：本、盆、们、分、扽、嫩、跟、肯、很、仅、琴、新、阵、什、怎、岑、森。

"成"：甭、朋、蒙、风、等、腾、能、冷、更、吭、亨、京、顷、形、正、成、生、曾、曾、僧（注：大多单字以"；"结尾）。

其实道理很简单，如广东人说"西游记"，很像"私有制"，但要他们查字典或标注读音，一般都是正确的。他们是记住了代表字也熟悉了其他同音字的缘故。

2. 普通话的韵母分为开口呼、齐齿呼、合口呼、撮口呼四类。有些方言，例如昆明话、梅县客家话等没有撮口呼韵母，i 和 v 发音区分不清。

"i"的代表字是"已"，"v"的代表字是"与"，它们的部分同音字是：

"已"：以、亦、乙、伊……

"与"：于、愈、预……

其实混淆的发音听似相同是对外乡人而言的。方言区里的人，如果仔细体会、分辨，还是能够发现它们不完全相同。所以，要学好速录必须要克服方言带来的困难，并且这个困难是完全可以克服的。

我们国家幅员广阔，随着社会交流的扩大，能够听懂多种方言，是速录工作所必需的。严格说来，高级别的速录人员，不仅需要精通普通话，同时也需要熟悉一种或几种地方语言。对于我国几大主要方言的特点，不必畏难或回避，而要正视它、熟悉它，不断地提高自己的汉语言的综合能力，这是所有学习速录者必须具备的能力。

三、作业

1. 以"v"开头的复合元音有哪些？它们的简拼字母是什么？

2. 分辨方言里区分不清音素通常的方法是什么？举例说明。

3. 与代表字"已"和"与"同音的单字还有哪些？用笔把它们写出来并经常熟悉它们。

4. 字词练习：熟练快打下列字词（要求 6 分钟）。

对于	月亮	训练	雨伞	确切	寻找
京剧	侵略	虐杀	军队	群集	学习
掠夺	虐政	捐款	觉察	眷恋	角色
花卷	觉悟	军纪	捐躯	决定	均衡
掠取	圈点	缺欠	群岛	拳头	鹊桥
群居	杜鹃	绝世	均匀	圈套	却不
裙钗	宣布	削平	循环	勋章	血管
绚丽	群情	确信	劝导	权限	俊美
预审	绝种	绢本	略为	卷烟	觉醒
元帅	钧座	权贵	雀斑	裙带	宣讲
旋风	略为	学分	驯养	寻常	血债
群英会	炫耀	选择	血统	确定	确凿
缺陷	决裂	劝阻	犬马	俊秀	军衔
倔强	缺货	绝招	隽永	疲倦	全副
女子	血栓	蜷缩	缺乏	缺口	群体
捋顺	军装	宣传	旋绕	选民	削减
举债	群雄	学风	卓绝	熏陶	勋爵
区别	巡诊	群雄	确认	追究	扁鹊
虚构	劝解	泉水	退却	雀麦	群落

捐献	旋律	喧哗	学问	穴道	雪亮
圈定	熏风	驯顺	询查	商榷	肥缺
玄关	厌倦	口诀	秘诀	手绢	猪圈
文艺圈	募捐	剧务	权衡	亲眷	女眷
募捐款	调卷	区长	旋转	决胜	查卷
卷扬机	困倦	许多	虐待	确诊	参军
卷心菜	混浊	暖冬	掠美	血水	或者
自觉	察觉	预觉	诀别	丑角	阻绝
攫取	回绝	配角	主角	诡谲	谲诈
决战	诀窍	发觉	雪白	隔绝	绝症
绝对值	肉卷	怪圈	军政	噘嘴	喧闹
昏厥	否决	军备	群众	刷新	席卷
爽约	旋绕	玄妙	通讯	圈点	蜷缩
木橛子	女士	练拳	坚决	均等	颧骨
决赛	权谋	捐税	名角	猖獗	权且
全部	痊愈	债权	绝唱	宣泄	规劝
劝说	残缺	娟秀	诡诈	却要	绝交
爵士乐	缺憾	全都	黄雀	封爵	的确
绝缘体	劝降	铁拳	全局	国君	群像
生力军	全面	甲醛	军功	宣读	劝住
掘土机	卷宗	劝告	全体	警犬	决心

第六节 汉语语音

一、汉语声母

b 玻、p 坡、m 摸、f 佛、d 得、t 特、y 讷、l 勒；

g 哥、k 科、h 喝、j 基、q 欺、x 希；

w 知；尺 /诗、r 日、z 资、c 次、s 丝。

二、汉语韵母（如表 5-9 所示）

表 5-9　汉语韵母

	i 衣	u 乌	v = ü 迂
a 阿	ia 呀 z	ua 蛙 z	
e 鹅	ie 耶 q	ue 窝 f = uo	ve 约 y = ve
o 熬	io 腰 x = iao		
ai 哀 s		us 歪 q = uai	
ei 欸 d		ui 威 y = uei	
er 而			
ou 欧 g	iu 又 c = iou		
an 安 h	ih 烟 b = ian	uh 弯 r = uan	vh 冤 r = van
n 恩	in 因 j	un 温 t = uen	vn 云 t = ven
aw 昂 k = ang	ik 央 p = iang	uk 汪 p = uang	
w 亨的韵母 = eng	iw 英 m = ing	uw 翁 = ueng	
ow 轰的韵母 l	il 拥 = iong		

三、规则

1. 声母字：汉语的语法里声母是不能自成音节。但在计算机中文速录上为减少击键数，规定了每个声母都能代表一个汉字。它们是：b 伯、p 颇、m 莫、f 佛、d 的、t 特、y 呢、l 了、g 个、k 可、h 和、j 及、q 起、x 西、w 只、；吃、/是、r 日、z 自、c 次、s 丝。

2. 高频字：汉语中有的单字使用频率很高，在中文速录上用它们的声母一键打出，它们都是排在第一位上。例如：不 b、把 ba……

3. 舌面音：声母"j"、"q"、"x"，与其他韵母相拼时，中间不能夹带"i"。如"届 je"、"恰 qa"、"休 xu"、"局 jv"、"乔 qo"、"顷 qw"、"辛 xn"……

4. 简拼：在速录中，为减少击键次数，对于复合元音我们都是用一个声母符号来表示它们的。这种用一个指定的声母符号来表示一个确定复合元音的方法叫简拼。一个零声母音节只击一键；一个拼合音节只击二键。

四、音素辨析

1. 声母

代表字"自"和"只"的同音字。

代表字"此"和"尺"的同音字。

代表字"丝"和"是"的同音字。

代表字"那"和"拉"的同音字。

代表字"发"和"哈"的同音字。

2. 韵母

代表字"恩"和"嗯"的同音字。

代表字"已"和"与"的同音字。

五、常用纯音结构的单音语汇

阿	俄	奥	恩	已	乌	与	埃	安
盎	巴	伯	包	本	比	不	甭	白 普
被	般	邦	爬	颇	泡	盆	匹	普
朋	排	陪	盘	旁	剖	马	么	毛
们	米	亩	蒙	麦	枚	曼	芒	某
发	佛	分	夫	风	非	番	方	否
沓	它	特	陶	替	突	腾	台	忒
但	当	都	东	尕	个	高	跟	更
盖	给	干	刚	勾	公	卡	科	考
肯	库	吭	开	看	康	口	空	哈
和	号	很	乎	亨	还	黑	汉	杭
后	红	甲	届	交	仅	及	就	局
竟	间	将	局	恰	且	乔	琴	去
顷	前	强	求	穷	下	些	小	辛

着 丈 成 什 饶 则 脏 曾 森 亚 别 灭 帖 娘 梁 瓜 卓 昏 对 催 团 软 双 学 点

札 占 初 少 热 匝 咱 猝 骚 松 永 片 点 年 连 翁 或 昆 仑 最 段 栓 创 却 等

匈 这 尺 社 首 容 贼 次 色 艘 央 平 丁 宁 令 往 阔 滚 罗 锐 衰 川 桩 决 度

相 宅 陈 沙 上 让 在 岑 萨 桑 焉 票 吊 您 留 完 过 所 孙 谁 揣 转 黄 玄 第

先 正 朝 充 山 然 曾 曹 从 散 应 撒 叠 鸟 林 外 刷 撮 寸 垂 拽 还 匡 全 道

形 诸 车 丑 筛 仍 卒 册 凑 塞 又 便 免 聂 了 为 欸 作 尊 追 淮 宽 光 卷 的

须 只 又 常 生 如 子 擦 仓 僧 因 并 名 天 列 文 抓 若 顺 亏 块 关 酸 云 旬

休 阵 中 缠 孰 日 怎 宗 参 苏 要 宾 民 挺 俩 我 华 说 春 归 怪 乱 窜 越 群

西 着 周 差 是 任 早 奏 才 丝 也 表 秒 条 牛 瓦 夸 戳 准 忒 虽 暖 钻 元 均

六、作业

1. 打出汉语单音词汇表单字。

2. 用笔写出音素辨析中代表字的同音字。

3. 舌面声母 j q x 与韵母相拼和汉语拼音方案有什么不同？为什么？

4. 试找出自己方言区里容易混淆的声母和韵母的代表字及其同音字来，仔细体会它们的特点？

5. 熟练掌握纯音结构的单音语汇表里各音节的发音特点。

第六章　汉语单音语汇的区分

第一节　词汇的分类及纯音结构的单音语汇

汉语的传统语法或称之为教学语法，是迄今为止基于汉语汉字的一种老语法。其基本特点是模拟、离散和僵滞化的。随着中文数字化、科学化和现代化的深入发展，它的适应性是有限的。

一、汉语速录对于词性的分类

语法按其研究目的和对象的不同，分为教学语法和科研语法。速录对语法规律的研究及对结构关系的反照，应属于科研语法的范畴。结合起源于希腊语、拉丁语的传统语法，索绪尔的结构语法及乔姆斯基的转换生成语法，并在对比、借鉴、吸收这三大派语法，依汉语词类的组合能力、特点（搭配方向、位置）及其语法功能，提出了现代汉语词类结构图。

汉语词类结构图如图 6－1 所示。

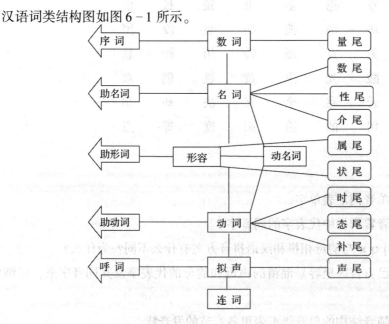

图 6－1　汉语词类结构图

在图6-1中我们可以看到：各类词之间都具有一定的联系。很多类别之间没有一成不变的界限和差异，各类词既相互区别又相互包含。尽管这里有许多线条作分界，但它们的固定性和绝对性，只是我们为清楚起见而另加到里面的。这些界线只是一种相对差异、连接着的概念。那种绝对不相容的对立中思维的方式，在这里完全失去了任何神圣的意义。我们不应该将各类词的区分看作死的、凝固的、绝对的东西，而应该把它们看作活的、可变动的、相对的概念。换言之，汉语单音词属性复杂，大多都是多词性的。我们是依词汇的主要属性来分类的。

例如"书"，既有名词性，如"书本"、"书籍"；又有动词性，如"书写"、"奋笔疾书"。再如"粉"，既有名词性，如"面粉"、"药粉"；又有动词性，如"粉麦子"、"粉了"；还有形容词性，如"粉色"、"粉红"。人们不应在"非此即彼"的简单模式里苦苦不得要领，堕入"越理越乱"的怪圈里。

我们应借鉴西方语言学的研究思想及方法而不是生搬硬套其结论。对词性复杂的汉语单音词的分类是综合其词意、用法、功能等主要特征来分类的。并且，形式是固定的、不变的、绝对的，而本质仍是互相关联的、变化着、相对的。

对中文速录而言，词性固定的目的是为了提高记录汉语言的准确性、快速性。改变当前汉字拼音输入的各种方法都是"输入语音"的单腿跳状态，开启汉字输入"音义结合"双腿跑的新局面。

人类发明字母文字已有几千年历史了。任何一种字母文字所采用的字母，都是既表语音也表语意的。汉语速录的目的不单单是记录语音，根本目的是要准确记录语意，因此我们必须对采用的某些字母赋予标志语意的特征。

眼睛不看键盘就能够准确打出所需的键盘字母，这不是真正意义上的"盲打"。真正的"盲打"，是眼睛既不看键盘，也不看选字框，屏幕上就能够正确地打出每一句话。

二、纯音结构的单音语汇

在汉语词类结构图里的前面的词类属于助词，亦称前缀词。后面的词类属于词尾，亦称后缀词。这些词类和下面的连词，都属于纯音结构的词类。也就是说在输入它们时，只要打出它们的发音即可。

1. 用在数词前表次序词：第。

或直接表次序词：甲、乙、丙、丁。

用在数词尾的是量词：个、届、次、寸、斤、条。

2. 用在名词前的助名词：

代词：我、你、这、那、谁、几、怎、每、各。

介词：被、让、对、从、自、朝、向、替、为。

有一类介词，它们经常用在单音动词和名词之间，如：给、在、向……速录中一般将它们与前面单音动词一起连打，如：说给、念给、站在、住在、走向、冲向……有学者解释为动词的介尾，比较符合汉语断句习惯。

用在名词尾表复数：们、些。

用在名词尾表方位：前、后、上、下、里、外。

3. 用在动词前的助动词：

副词：都、只、仅、已、曾、在、正、才、便、又、也、还。

用在动词尾表时态或补充：过、着、了、完、得。

4. 用在形容词前的助形词，主要强调程度：很、最、挺、更、较、略、稍、太。用在形容词尾表修饰中心词：的、地。

5. 连词：和、跟、同、与、或、及、并……

6. 特殊词规定：它 ta、它们 tamn、他 tae、他们 taemn、她 tav、她们 tavmn、的 d、地 de、得 dd、再 zss。

三、作业

1. 汉语词类结构图的观点、方法、结论与教学语法有哪些不同？

2. 词的分类在形式上为什么是固定的、绝对的？有什么作用？

3. 为什么说词的分类在本质上是变化的、相对的？举例说明？

4. 说说第五章第六节里"常用纯音结构的单音语汇"中哪些是高频词、声母韵母自成音节词、纯音结构的单音语汇词？

第二节 汉语音义结构（1）名词

一、单音语汇

汉语的单音语汇即通常意义的一个汉字。它的显著特点是"两多"：一是数量多，汉字数量有好几万；二是同音多，有的音节里相同读音的就有上百个。汉语汉字为什么在交流中能够没有障碍地进行呢？

在汉语言交流中，人们是通过声调、断句和语气来区分语意的。其中主要是通过声调来区分的。如果一个人说话无调或声调不清、不准，别人就很难听得懂。所以声调首先是汉语言很重要的组成部分，也是汉字的主要区分属性。

在汉字上，人们是通过不同的字形结构来区分语意的。多一笔、少一画别人就认不得了。声调的属性一般没有确定的字形结构，速录是以键盘字母来记录汉语，在区分定字上必须充分重视声调的功能。

另外以记键盘字母记录汉语言，那么它区分语意的方式，还应实行拼音字的文字规则。

世界所有的拼音字中都有标识词性的部分，无论英、法、德、意、俄，无一例外。任何拼音字如果去掉其全部的标识词性的部分，都将出现交流障碍，别人认不得。词性是拼音表意的重要的组成部分。

综上可以看出，使用有限的键盘字母符号来较准确地记录汉语，除语音外，还必须合理搭配上声调、词性结构。舍此，记录的准确性、快速性必将大打折扣。

在上一节里我们已经知道，汉语词类结构图上的前、下、后位置上的词类，都属于纯音结构的词类。也就是说在输入它们时，只要打出它们的发音即可。

在汉语词类结构图中间位置的词类，必须兼备声调、词性特征，否则将无法区分它们。这些词类有名词、动词、形容词、动名词等。从本节开始，我们将分别说明它们。

二、汉语速录的声调规定

汉语速录声调只标阴平、阳平、上声、去声。轻声或归阴平。

三、名词

1. 名词定义：表示人、事物、时间、空间名称的词。

2. 名词构成：名词是依四声不同，将字母连在音韵后作结尾的（轻声不标），如表6-1所示。

表6-1 名词的汉语速录声调规定

	一声	二声	三声	四声
名词	**b**	**p**	**m**	**f**

例如：妈 mab；、爸 baf；、鼠/um；、兔 tuf；、礼 lim；、量 lpf；、时/p；、厂；km；、水/ym；、电 dbf；……

注意，单字通常以";"结尾。

3. 声调相同名词的区分：一般来说，文字的精确性比语言的精确性要高一个级别。有时候话语听不懂，但对方写出来就完全懂了就是这个道理。同音、同调、同词性的单音词在速录上的区分原则如下所示。

一般常用的单音名词在速录中，根据其常用程度不同，分为三种不同打法。

（1）最常用字以纯音表示。这类词不加任何标识符，如：加 ja、娄 lg……也有的需加";"，如甲 ja；、露 lg；……

（2）较常用字加声调词性标识符。如，课 kf，也有的需加";"，如：客 kf；、露 lg；……

（3）使用度区分：对于大多同声调的单音名词，要按使用度不同即使用频率的不同，再将声母依 b、p、m、f、d、t……顺序附加在后面以示区分。使用度较高即比较常用的字加 b，其次加 p……例如：鞍 hb；、桉 hbp；网 pm、蝈 pmb；、魁 pmp；……

实际上为减少记忆量，在常用的 3000 字中，有很多省去了使用频率的区分，将它们放在一起，用";"结尾由数字键来区分。例如：jhf；——件、键、箭、剑、舰。因为有限的重码对速度的影响不大，大家要留心记住它们。

四、汉语常用名词单音语汇

案	坝	衣	鞋	瓶	桌	鹅	袄
课	鱼	伴	铁	北	级	物	雨
项	情	枪	魄	手	球	阳	靶
军	柏	板	话	眼	壁	鼻	苯
癌	数	树	波	边	弊	柏	背
疤	河	棒	杯	鞭	笔	伴	炮
滨	尘	帝	肺	姑	帽	圊	棚
胞	晨	弟	粮	骨	谜	胚	磐

膘	钞	底	坟	谷	槐	麻	墨
镖	巢	笛	份	故	踝	门	谜
程	潮	纸	粪	褂	拳	梦	脉
鼻	绸	厅	肤	卦	机	幔	阀
兵	虫	鼎	符	官	宦	锋	肺
冰	船	刀	幅	冠	秋	房	缶
病	窗	岛	府	馆	簧	桃	梯
饼	疮	稻	斧	罐	皇	藤	态
声	畜	筅	父	锅	幌	胆	蛋
苞	炊	斗	妇	屋	壶	犊	肚
稻	弹	豆	锋	国	湖	岛	格
豹	础	痘	峰	果	虎	根	梗
宝	椿	冬	缝	木	户	赣	缸
雹	唇	洞	园	龟	沪	煤	意
堡	厨	栋	概	轨	火	份	岸
布	橱	缎	院	鬼	货	饭	脖
气	秤	都	肝	柜	祸	塔	笔
彩	城	肚	竿	桂	灰	兔	癍
材	橙	朵	篮	油	员	腿	皮
财	源	韵	钢	梗	贿	党	牌
菜	词	队	壳	侠	鸭	洞	膀
蔡	草	墩	缸	孩	牙	稿	矛
餐	槽	盹	港	骸	芽	钙	木
蚕	葱	庭	岗	海	烟	杆	杠
舱	丛	盾	杠	氦	桶	宫	狗
册	醋	豚	哥	雨	咽	壳	裉
差	村	灯	戈	函	盐	孩	壶
权	层	凳	格	韩	颜	函	杭
柴	袋	鹅	膈	汗	焰	虹	猴
钗	丹	鳄	雪	户	燕	家	姐
豺	蛋	儿	根	例	雁	劲	脚
蝉	胆	耳	膏	盒	谚	机	阄
禅	档	法	糕	鹤	秧	境	菊

茶	党	阀	稿	痕	阳	肩	匠
茬	德	帆	岸	路	杨	锹	茄
厂	巅	味	沟	毫	洋	秦	趣
场	电	饭	簧	郝	氧	钱	情
肠	店	坊	狗	猴	样	枪	球
翅	堤	房	工	喉	恙	虾	琼
齿	爹	舫	功	虹	腰	鞋	校
池	碟	扉	音	椅	谣	席	心
诗	地	匪	贡	花	药	袖	墟
家	肩	轿	姐	境	镜	弦	型
款	矿	栏	酪	浪	炉	项	兄
庐	蟒	门	梦	棚	鹏	斋	渣

五、作业

1. 速录对汉语单音词汇（单字）是怎样区分的？

2. 名词的区分规定是什么？"马"、"麻"、"瘸"输入有什么不同？根据什么？

3. 熟练打出本节中"汉语常用名词单音语汇"里的字，并记住它们。

第三节　汉语音义结构（2）动词

一、汉语单音语汇音义结构

汉语言单音语汇（单字）的特点不仅在于它的粘连性、多边性和复杂性，更要注重它的历史发展性。

词性是一个历史范畴，不同历史时期都在不断发展变化。这种变化一般概括为属性扩大、缩小、转移等。属性扩大的变化最多，例如现代汉语很多介词大都由动词虚化而来。如"在、比、用、到、给……"它们有的后面可以带"着、了"，不过它们与动词不同，一般不表动态；属性缩小如"粪"，古代汉语有两个属性：名词（屎），动词（扫除、施肥），而现代汉语只有一个名词属性（屎）了；属性转移的情形更多，汉字生成法的"六书"之一，同意相受的《转注》法，就是改变一些字的属性生成新字的方法。

所以，汉语速录编码有以下原则。

针对词性的多边性、复杂性，原则上是取其主要词性为定型依据。

针对词性的可变发展性，原则是以当前通用属性为定型依据。属性变，定型不变。

二、动词

1. 动词定义：表示人、事物的运动或相互作用的词。

2. 动词构成：动词是依四声不同，将字母连在韵母后作结尾的（轻声不标），如表6－2所示。

表6－2　动词的汉语速录声调规定

	一声	二声	三声	四声
动词	d	t	y	l

例如：抹 mad；、罢 bal；、述/ul；、吐 tul；、离 lit；、谈 tht；、走 zg、笑 xol；、想 xky、跑 poy、运 tl；、打 day……

并不是所有单字都由"；"结尾，为快速性，很多常用单字省略了。如：走 zg、想 xky、跑 poy、打 day……

3. 声调相同动词的区分：汉字的精确性比汉语的精确性要高一个级别，还在于写出来的话语常常比说出来的更确切、更鲜明。例如对同一个人或事物，都可以用"它、他、她"三个字来指代，但意义却差别很大，而用嘴说是听不出来的。在动词后面经常连用的"的、地、得",语言上听不出它们的区分,而读写出来的句子,人们的理解会更清晰、更确切。所以,在用字母符号来记录汉语时,如何对同音、同调、同词性的单音词的区分是非常重要的。

一般常用的单音动词在速录中,根据其常用程度不同,分为三种不同打法。

(1)最常用字以纯音表示。这类词不加任何标识符,如:看 kh、听 tm ……也有的需加";",如:防 fk;、逃 to;……

(2)较常用字加声调词性标识符。如,答 dat,也有的需加";",如:兴 xwd;、烘 hld;……

(3)实际上为减少记忆量,在常用的 3000 字中,有很多省去了使用频率的区分,将它们放在一起,用";"结尾由数字键来区分。例如:bil;——避、闭、蔽、辟。因为有限的重码对速度的影响不大,大家要留心记住它们。

虽然在速录中省略了一些同音、同调、同词性单字的频率标示,但我们也应学好这个规则。因为这个省略只是少数常用字,大多汉字是没有省略的。另外在查字法里每个单字的频率标示都不能省略,这是为了词库的调整与升级。

三、汉语常用动词单音语汇

挨	罢	帮	搏	贬	秉	饿	懊
死	掰	绑	厌	变	评	摁	倚
爱	摆	谤	背	憋	掰	诬	遇
按	拜	办	备	剥	保	爱	扬
昂	败	淹	奔	濒	抱	剥	抱
扒	搬	拨	逼	摈	曝	奔	怕
拔	扳	播	避	摽	爆	泼	跑
把	颁	驳	闭	裱	补	喷	批
哺	吵	打	读	浮	耕	扑	抨
怖	抽	待	堵	抚	哽	培	盼
崩	愁	逮	睹	辅	害	剖	骂
绷	酬	戴	渡	俯	骇	摸	冒
进	瞅	贷	妒	付	捍	扪	迷
蹦	冲	担	叨	覆	含	募	萌
猜	重	耽	捯	负	喊	买	没
裁	宠	掸	悼	封	捍	瞒	忙
采	踹	挡	到	疯	焊	罚	愤
踩	穿	掂	惦	逢	撼	扶	逢

翻 踏 逃 吐 谈 投 塌 溺 弄 立 赖 拢 撩 炼 临 加 搅 挤 竞 讲 洽 瞧 泅 请 呛 吓 消 修 兴 想 照 拯 诌 伤 删

飞 妨 淘 提 抬 搪 捅 拿 怒 唠 览 搂 裂 流 晾 聆 借 进 揪 减 窘 切 欺 取 牵 沁 歇 洗 叙 掀 扎 振 沾 张 收

投 航 喝 呵 合 贺 望 恨 抛 嚎 吼 烘 轰 哄 呼 写 唬 护 划 化 徊 遇 换 唤 慌 惶 晃 豁 获 挥 恢 回 依 加 矫

捕 讽 奉 跃 改 溉 赶 擀 割 搁 删 搞 告 够 攻 躬 拱 共 估 沽 雇 刮 退 挂 拐 观 灌 掼 逛 裹 归 跪 移 忆 嚼

兑 镦 炖 登 瞪 售 讪 阅 摁 罚 翻 烦 返 贩 防 妨 访 仿 纺 放 飞 诽 废 吠 沸 吩 焚 愤 忿 敷 孵 扶 倚 抑 教

踮 恬 奠 涤 抵 诋 递 缔 跌 迭 叼 掉 钓 叮 订 叨 倒 祷 蹈 捣 堕 悼 抖 斗 逗 懂 动 恫 端 断 锻 督 医 踦 浇

传 喘 闯 出 储 触 吹 捶 撑 乘 承 逞 骋 呲 坐 刺 伺 操 煮 阻 蹴 搓 挫 措 摧 淬 吞 存 摔 蹭 答 达 议 捐 嫁

残 藏 插 搽 察 查 诧 拆 搀 掺 馋 产 忏 尝 敞 唱 扯 撤 吃 兑 持 驰 斥 赚 抻 沉 衬 趁 抄 超 嘲 炒 混 疑 驾

四、作业

1. 速录编码的原则是什么？为什么要这样规定？
2. 动词区分的规定是什么？"见、建、溅、谏、饯"是如何区分的？
3. 熟练打出本节中"汉语常用动词单音语汇"里的字，并记住它们。

第四节 汉语音义结构（3）形容词

一、汉语单音语汇音义结构

1. 速录编码的机动性

前面学习了速录编码的两条总原则。对于具体的单字而言，为了快速的目的，个别调整是必要的。

首先，为省略使用度标识码，个别词性码做了近似的调整。如："以"、"由"。

对于一些使用频率很高的常用字，对其词性码也做了省略。如："把 ba"、"倒 do；"。但如果按词性打"bay；"、"倒 doy；"通常也是可以的。再如"处；u；"、"鲁 lu；"，它们分别省去了"c"和"h"，但如果按词性打"；uc；"、"luan；"通常也是可以的。由于这些字经常单独使用，为速度快做些机动调整是必要的。

这些机动调整的简单打法，打字时要有意识记住它们，不要舍简就繁。

综上，汉语单音词及单音词素（单字）编码非常简捷。音义结构是为了有利于区分，但在实际速录工作中，要灵活运用，要记住某些常用字的简略打法。

2. 使用频率的相对性

汉字的使用频率是很难准确排列出来的。因为我们统计的采样文章都是有限的。无论统计的范围怎样大，不可能包括所有的书籍和网络所有的文章。

统计对象不同结果也不一样，如古文与现代文，自然科技类与社会科学类，很多字的使用频率是不同的。

所以，我们只是采用一般情况下比较通常的排列顺序，因为我们的目的只为便于定型、快速打出它们。

二、形容词

1. 形容词定义：表示性质或状态的词。
2. 形容词构成：形容词是依四声不同，将字母连在韵母后作结尾的（轻声不标），如表 6-3 所示。

表 6-3 形容词的汉语速录声调规定

	一声	二声	三声	四声
形容词	g	k	h	z

例如：大 daz；、绿 lvz；、慢 mhz；、低 dig；、弱 rfz；、喜 xh；、悲 bdg；、盛/wz；、敏 mjh；……

3. 词性声调相同形容词的区分

常用的单音形容词在速录中，同前面名词、动词一样，也是分为三种不同打法。

（1）最常用字以纯音表示。这类词不加任何标识符，如：黑 hd、好 ho、忙 mk、穷 ql、锐 ry ……也有的需加 "；"，如：红 hl；、短 drh；……

（2）较常用字加声调词性标识符。如：悄 qog，也有的需加 "；"，如：悲 bdg；、昌；kg；……

（3）为减少记忆量，在常用的 3000 字中，有很多省去了使用频率的区分，将它们放在一起，用 "；" 结尾由数字键来区分。例如：hzk；——滑、猾，jhg；——坚、艰、奸、尖。因为有限的重码对速度的影响不大，大家要留心记住它们。学习词性声调相同形容词的区分，主要为了解更多汉字的打法和词库结构的总规则，便于更广泛的中文应用。

三、汉语常用形容词、比较级结构的单音语汇

皑	恶	悲	彪	惭	潺	凹	魔
隘	霸	卑	彬	深	诣	默	茂
肆	温	悖	斌	灿	颤	霉	敏
媛	薄	鄙	炳	粲	昌	渺	绵
暗	勃	适	褒	苍	猖	妙	疲
肮	博	碧	薄	沧	美	痞	僻
滑	跛	鲜	易	差	紫	庞	胖
峨	笨	扁	暴	婵	畅	蓬	贫
澈	谛	佝	恍	颖	沮	怯	悄
痴	颠	苟	傲	硬	巨	憔	巧
迟	俏	垢	活	佳	飓	俏	勤
弛	靛	恭	远	嘉	菁	凄	齐
耻	刁	巩	豁	假	兢	屈	谦
侈	叨	孤	辉	坚	净	浅	倩
忱	舒	古	惠	艰	静	晴	青
碜	陡	固	慧	奸	凯	确	蜷
仇	短	寡	浑	俭	侃	绻	娆
臭	咄	乖	羞	简	亢	仁	韧

忡　惰　惨　恒　健　苛　蠕　辱
崇　敦　广　雅　贱　渴　冉　荣
拙　钝　瑰　殷　僵　恳　弱　飒
绰　甜　诡　严　绛　枯　涩　臊
雏　迩　贵　俨　洁　苦　私　肆
楚　乏　耿　艳　杰　酷　酥　速
蠹　凡　憨　赝　骄　捷　松　悚
诚　繁　寒　泱　姣　魁　琐　傻
慈　反　罕　佯　娇　狡　奢　愢
糙　泛　旱　宜　饥　愦　湿　实
嘈　芳　悍　怡　吉　匮　适　舒
聪　绯　顽　易　疾　快　熟　暑
粗　菲　涸　异　急　怅　庶　盛
蹙　肥　褐　逸　济　狂　瘦　膻
矬　斐　赫　烨　寂　诳　善　响
错　悱　狠　殷　矜　直　硕　衰
崔　芬　豪　淫　紧　困　瞬　爽
璀　纷　好　畸　谨　铿　滔　惕
翠　奋　浩　隐　近　邋　秃　疼
瘁　福　觚　妖　赳　垃　泰　贪
脆　腐　厚　遥　久　辣　坦　唐
悴　富　洪　馨　旧　蓝　悦　彤
耷　忽　宏　优　娟　娄　痛　驼
大　丰　孬　悠　倦　懒　怠　甘
呆　尬　滑　尤　隽　滥　坏　庸
歹　怯　猾　幼　碎　朗　獗　猛
黛　敢　寰　雍　倔　磊　挺　更
单　默　缓　慵　斜　累　辽　越
淡　明　幻　勇　俊　悦　潦　满
熟　杂　荒　英　疼　利　廖　蛮
低　窄　煌　盈　倔　丽　莽　乱
晴　很　很　太　较　稍　略　盲　鲁

四、作业

1. 对于具体单字，为什么在总原则下要作个别调整？请举例说明。

2. 形容词的速录规则是什么？

3. 熟练打出本节中"汉语常用形容词、比较级结构的单音词汇"中的字，并记住它们。

第五节 汉语音义结构 (4) 动名词

一、单音语汇音义规则

汉语单音语汇对应的都是一个汉字，而有些汉字却又是多音多调的。速录对多音字的规则如下所示。

1. "以音调为主、各自分开"。例如：堡 bom；、堡 bum；、堡 puf；；背 bdd；、背 bdf；；调 dxc、调 txt；……

2. 有的常用单字简化后不区分声调和词性。例如：把 ba（ˇ）（ˋ）；别（ˊ）（ˋ）；叉；a，鱼叉（ˉ），卡住（ˊ），分开成叉形（ˇ），劈叉（ˋ）……

二、动名词

汉语传统教学语法没有动名词这个分类，但汉语同其他任何人类语言一样，词汇中都大量存在这个类别的词。例如：师，教师（名）、学习（动）、效法（动）；命，生命（名）、命运（名），吩咐（动）、任命（动）；记，印记（名），记住（动）、记忆（动）……

实事求是地、客观准确地进行汉语词汇分类才能明显地提高中文速录的准确性与快速性。速录对于汉语动名词的定义及规则如下。

1. 动名词定义：兼表名词和动词两种性质的词。

2. 动名词构成：动名词是依四声不同，将字母连在韵母后作结尾的（轻声不标），如表 6-4 所示。

表 6-4　动名词的汉语速录声调规定

	一声	二声	三声	四声
动名词	j	q	x	c

例如：师/j；、命 mmc；、记 jc；、凭 pmq、钳 qhq；、经 jwj；、历 lic；、猎 lqc；、料 lxc；、佩 pdc；、签 qhj；……

3. 声调相同动名词的区分：一般常用的单音动名词在速录中，同前面名词、动词等一样，也是分为三种不同打法。

（1）最常用字以纯音表示。这类词不加任何标识符，如：杜 du、学 xy ……也有的需加 "；"，如：处；u；、堆 dy；、贯 gr；……

（2）较常用字加声调词性标识符。如：况 kpc，也有的需加"；"，如：理 lix；、书 /uj；、环 hrq；……

（3）为减少记忆量，在常用的 3000 字中，有很多省去了使用频率的区分，将它们放在一起，用"；"结尾由数字键来区分。例如：jhc；——鉴、荐，sfx；——锁、索。因为有限的重码对速度的影响不大，但对于很多特殊用字，如人名、地名及专业用字，只要是自己工作经常使用的还是要留心记住它们。学习词性声调相同形容词的区分主要为了解更多汉字的打法和词库结构的总规则，便于更广泛的中文应用。并且，对提高快速性和准确性作用很大。

虽然动名词在教学语法中没有这个分词类别。但是它在汉语实际应用上是客观存在的。建立在忽视客观存在基础上的任何研究结论是不符合科学原则的。在汉语速录中，很好地掌握它们的定义、规则及用法，对快速准确记录汉语言非常重要。

三、汉语常用动名词单音语汇

碍	毕	恃	称	辞	垫
哀	编	煲	呈	赐	淀
跋	遍	报	筹	锉	谍
耙	标	刨	锄	萃	滴
班	殡	步	处	皱	敌
版	禀	策	处	带	钉
绊	誓	岔	串	诞	顶
倍	饰	铲	锤	荡	导
盗	画	胶	磨	蚀	屑
兜	怀	笞	媒	使	销
董	环	眷	糜	事	晓
冻	患	角	幂	书	效
赌	秸	诀	铭	梳	希
杜	伙	居	命	属	息
垛	讳	据	铆	署	铣
堆	横	经	贸	竖	系
碓	押	警	盟	束	信
顿	言	靖	敖	思	锈
砘	宴	刊	讴	饲	絮
垡	养	克	耙	嗣	旋

犯	遗	扣	派	颂	薰
费	以	胗	槃	宿	寻
粉	益	款	佩	索	讯
服	业	俘	劈	摊	刑
俘	引	况	漂	探	省
伏	印	括	凭	镗	姓
傅	召	阑	邮	剔	衲
教	曜	系	屏	题	难
赋	佣	垒	铺	贴	攘
丐	由	擂	谱	套	捻
感	营	犁	签	统	镊
歌	夹	理	扦	图	载
革	架	历	钳	砣	鉴
诰	监	隶	期	唾	责
钩	剪	联	启	蜕	闸
构	鉴	练	契	汪	铡
供	浆	猎	侨	窝	榨
箍	奖	寓	囚	圬	站
鼓	结	料	区	舞	障
顾	戒	糊	阕	务	仗
管	荐	领	阙	惟	折
贯	积	耢	权	唯	贞
惯	羁	耧	铨	吻	枕
桄	集	窿	塞	语	镇
规	辑	卤	煞	欲	支
鲠	给	录	煽	寓	值
涵	记	露	苦	缘	指
颌	纪	摞	商	衔	制
核	晋	论	赏	现	罩
耗	焦	履	师	象	嘱
候	绞	律	食	揆	属

四、作业

1. 对多音字编码原则是什么？请举例说明。

2. 什么是动名词？它们的速录规则是什么？

3. 熟练打出本节中"汉语常用动名词单音词汇"中的字，并记住它们。

第六节　汉语单音语汇构成复习

名词、动词、形容词、动名词是语言中四大主要词类，也是速录人员应下大气力熟练掌握的词类。对于它们的基本属性应该清楚把握，特别是它们的构成规则，应该十分娴熟。基本概念不清，基本规则把拿不定，必然影响记录速度的提升。

一、四大词类表意规则（如表 6-5 所示）

表 6-5　四大词类表意规则

	名词	动词	形容词	动名词
一声	b	d	g	j
二声	p	t	k	q
三声	m	y	h	x
四声	f	l	z	c

二、数词

数词以 s 结尾。只表词性，不表声调。如：八 bas、百 bss;、千 qhs;、万 rs;……

数词大写以 ss 结尾。如：壹 iss;、贰 erss;、陆 lcss、玖 juais;……

三、语气词、拟声词

语气词、拟声词如果最后一个字母是单韵母，用重写一次表示。只表词性，不表声调。如：啊 aa、吧 baa……

如果最后一个字母是简拼复韵母，直接加 ";" 表示，不表词性也不表声调。如：呢 y;、呀 z;、嘿 hd;……

四、连词

连词没有区分符号，直接以语音表示。如：和 h、也 q、或 hf、亦 i;……

至此可知，汉语全息速录法的技术核心是双手并击，它是通过双手并击方式实现快速记录汉语、汉字的目的。汉字是当今人类最古老的文字，其特点是一种模拟、象形、离散状态的文字。汉字的这种状态又影响了汉语的发展至今停滞在语素阶段。语素语言的特点是语素非常发达灵活而构词能力较弱而且多变。所以汉语词汇的特点发音清晰响亮、音节少、同音多、声调丰富。对于这样一种语言，实现符号化、键盘化、连续化的快速准确表达或记录，必须首先综合其全部的语言信息，找出它们的不同点，施以最大限度的简化、优化，达到容易理解、便于记忆和快速表达、记录之目的。这也是汉字未来走向字母化、数字化、现代化的唯一正确道路。

信息时代计算机的人工智能技术发展很快。目前，我们还不能将人类语言的快速记录完全寄托在电脑的自然语言理解的研发上。在理论上或科学的本义上，人类的这个前景是能够达到的。但距离可实行的程度，将有很长的路要走，绝不像一些有意无意的商业炒作或夸大的说法那样已经实现。

就语言本身而论，未来最早能够实现人机准确对话的语言，一定是俄语、西班牙语这类语音发达、文字的表音符号率最高的语言。而英语这类同音、近似音较多、文字符号里夹有大量的不发音字母或字母组合的语言只能是靠后。至于汉语同音最多、现在连键盘都不能准确输入（必须进行大量的人工选择或干预），要实现电脑准确的理解与记录必然是最后达到。

未来的前景现在还难以完全断定。如果计算机技术很快地实现了可以忽略同音、近似音的程度，如果汉语能够很快地解决了没有人工选择或干预就能完全实现键盘的准确输入，那么，将来的人机对话的发展进程就会发生重新洗牌。

所以，汉语电脑人工智能的进程只是处于起步的初级阶段。我们现在还不能盲目地像西方人那样憧憬梦想，还没有资格像西方人那样确信已经不远了。他们和我们不在同一起跑线上，我们的起步晚，路更长。

在速录上，现在还不能幻想电脑能把人们说的每一句话都能准确地显示出来，也不可盲目地采用某些"智能"输入方式。例如智能搭配字词，这种方法错误率无法避免，而速录员根本没有时间移动光标去修改。再如字词自动提前，即凡打过的字词都会自动地往前排、选字屏上的词序不停地变动，这对速录员十分不利。如果打字速度超过每分钟 200 字，选字屏处于快速闪动状态，眼睛看不清，字词位置又不停变动，速录员根本无法准确下手。

没有捷径可走。决定快速记录汉字的关键，仅在于汉字编码的科学性、准确性、简略性和稳定性。智能仅处于初期的研发与试验阶段，在速录专业上现在还只是一个值得关注的课题，而实用性甚低。

五、作业

练习看打下文。

冰　灯

冰灯是流行于中国北方的民间艺术形式。因为独特的地域优势，黑龙江可以说是制作冰灯最早的地方。

传说很早以前，每到冬季的夜晚，在松嫩平原上，人们总会看到三五成群的农夫和渔民悠然自得地喂马和捕鱼，它们所使用的照明工具就是用冰做成的灯笼。这便是最早的冰灯。

当时制作冰灯的工艺也很简单，把水放进木桶里冻成冰坨，凿出空心，放个油灯在里面用以照明，冰罩挡住了凛冽的寒风，黑夜里便有了不灭的灯盏，冰灯成了人们生活中不可缺少的帮手。

哈尔滨是中国冰雪艺术的摇篮，哈尔滨冰灯驰名中外，饮誉华夏。大规模有组织地制作和展出冰灯始于1963年，人们利用盆、桶等简单模具自然冷冻了千余盏冰灯和数十个冰花，于元宵佳节在兆麟公园展出，轰动全城，形成了万人空巷看冰灯的盛大场面。

至今许多老哈尔滨人回想起来仍然记忆犹新，感慨万千。这也是我国第一个有组织、有领导的冰灯游园会。当时就有人即兴作词，来形容这"万人空巷，盛极一时"的今古奇观："灯节，灯节，玉树冰灯明月。人山人海兴浓，园北园南烛红。红烛，红烛，普照万民同乐。"冰灯是黑土地的特产，是黑龙江人的骄傲。从盆制冰景到一年一度大规模的冰灯游园会，哈尔滨冰灯艺术日趋成熟，它的影响和辐射早已使其驰名世界，风靡海内外。

1985年，勤劳智慧的冰城人民进一步挖掘冰雪热能，开发冰雪资源，以蜚声中外的冰灯游园会为中心，推出了冰雪艺术、冰雪体育、冰雪文化、冰雪旅游、冰雪经贸为内容的哈尔滨冰雪节。让人们畏惧的冰雪变成了宝贵的自然资源，给冰城之冬增添了盎然的春意，以后每年1月5日，便成为哈尔滨人民特有的地方性传统节日，北方人改变了足不出户的"猫冬"习惯，开始参加各种冰雪运动，哈尔滨之冬不再寂寞，哈尔滨之冬热起来了。

第七章 汉语单音语汇（单字）查找法

第一节 声调查字法

汉语单音语汇均具有声母、韵母、声调、词性四个属性。这四个属性是速录编码所依托的四个基本特征。在这四个属性中声、韵、调是通常比较常用和较熟悉的，但汉字的词性及分类比较陌生。为更好地在"学中用、用中学"，在学用中更快地熟悉它们，系统里带有声调韵查字法，或叫声调查字法。

一、"声调查字法"

"声调查字法"属于音码查字法。

汉语的单音语汇即单个汉字。初学者往往不能一下子完全地掌握它们的属性，对很多字的词性感到陌生。不仅影响文字录入速度，也为进一步学习与提高增加难度。

初学者可以用"声调查字法"，暂时避开词性的难度，根据字音和声调把要录入的字找出来，既可直接录入，也可准确地查出该字的词性及打法来，并记住它们。

"声调查字法"是根据字音和该字的声调的查找方法，具体介绍如下。

1. 首先要打查字键：[。

2. 键入字音，再键入该字的声调。声调分别用 b、p、m、f 表示一声、二声、三声、四声，轻声无标记。声调符号的使用与该字的词性无关。

3. 要保证音、调完整，以免影响识读的正确性。

例如，查找"击"，如果只键入"[j"，没有再键入一声符号 b，就会显示出"击 bjd"，字的发音无法识读。只有键入"[jb"，才会显示出"击 jd"，其中"jd"就是"击"字的读音、声调和速录打法。

只有完整输入"[jb"，才能正确显示出"jd"来，并且很容易看出"击"字，读作 j、动词、一声。

4. 为加快查找速度，在键入字音、声调后，可以再输入该字音。尤其对于输入码较长的字，查找起来会很快。

例如查找"编"，键入"[bbb"接着键入"bb"，会显示"编 j"来。其中"j"就是"编"字的定字符。

使用"声调查字法",一般都能够打出电脑字库中所有的汉字来。查字法通常不能在速录时使用,只作平时训练或修改记录稿时用。

二、作业

用声调查字法打出下文。

岳阳楼记
范仲淹

庆历四年春,滕子京谪守巴陵郡。越明年,政通人和,百废俱兴,乃重修岳阳楼,增其旧制,刻唐贤今人诗赋于其上,属予作文以记之。

予观夫巴陵胜状,在洞庭一湖。衔远山,吞长江,浩浩汤汤,横无际涯;朝晖夕阴,气象万千;此则岳阳楼之大观也,前人之述备矣。然则北通巫峡,南极潇湘,迁客骚人,多会于此,览物之情,得无异乎?

若夫霪雨霏霏,连月不开;阴风怒号,浊浪排空;日星隐耀,山岳潜形;商旅不行,樯倾楫摧;薄暮冥冥,虎啸猿啼;登斯楼也,则有去国怀乡,忧谗畏讥,满目萧然,感极而悲者矣。

至若春和景明,波澜不惊,上下天光,一碧万顷;沙鸥翔集,锦鳞游泳,岸芷汀兰,郁郁青青。而或长烟一空,皓月千里,浮光跃金,静影沉璧,渔歌互答,此乐何极!登斯楼也,则有心旷神怡,宠辱皆忘,把酒临风,其喜洋洋者矣。

嗟夫!予尝求古仁人之心,或异二者之为,何哉?不以物喜,不以己悲,居庙堂之高,则忧其民;处江湖之远,则忧其君。是进亦忧,退亦忧;然则何时而乐耶?其必曰:先天下之忧而忧,后天下之乐而乐欤!噫!微斯人,吾谁与归!

第二节　四角查字法

一、概述

汉字编码本质属于形码。自古汉字查字法都是以形查字。近代汉字已趋于整齐的方框形状，随之出现了四角查字法，很快在社会上广泛使用。其特点是将数量巨大、浩如烟海的汉字，仅用 10 个符号就将它们标示出来，并且每个汉字最多用 5 个符号，集约化程度极高。现在我们使用的拼音码不算标调符号，还要 26 个字母，并且每个汉字最多用 6 个字母。足见四角查字法在汉字编码研究上的突出特点。

四角查字法基本符号原采用 0～9 十个阿拉伯数字符号。根据汉字的四个角，依照左上、右上、左下、右下的顺序，将它们角形对应的数字排列出来。由于键盘上数字键的不方便，所以在速录上四角查字法是用十个字母符号代替的。

我们在遇到不认识的字，既不知道字音又不懂字意的时候，必须用四角查字法来打字和认字。四角查字法与声调查字法一样，首先要打查字键：[。

二、口诀

横 b 垂 c d 点捺，叉 g 插 j 方框 k。
角 p 八 q t 是小，点下有横变 f。

三、角形与对应字母表（如表 7 - 1 所示）

表 7 - 1　角形与对应字母表

笔形	对应字母	字　例	说　明
横	b	天 bfqf 土 gfbf 活 dcbk 培 gfbk 织 ckbq 兄 kfcb 风 ppcb	横、挑、横上钩和斜右钩
垂	c	旧 ckff 山 ccpp 千 cfgf 顺 cbfq 力 gffc 则 pcqf	竖、撇和竖左钩
点	d	宝 dfbf 社 dgcb 军 dpjf 外 cdcf 去 gfpd 造 dgdf 瓜 pccd	点、捺
叉	g	古 gfkf 草 gggf 对 pggf 式 gdbf 皮 gfcg 猪 ggck	两笔交叉
插	j	青 jfcc 本 jfcd 打 jbfc 戈 jdff 史 jfff 泰 jtff 中 jfff	一笔纵穿两笔，或两笔以上
方	k	另 kfgc 扣 jkff 国 kfbf 甲 kfjf 由 jfkf 曲 jjkf 目 kfbf 四 kfcb	四角整齐的方形

续表

笔形	对应字母	字　例	说　明
角	p	刀 bpcc 写 dpbc 亡 ffpb 表 jfpd 阳 pkcf 兵 pcqf 雪 bfbp	一笔向下或右折的角形、两笔相接的角形
八	q	分 qfcc 共 ggqf 余 qftf 籴 qftf 央 jfqf 羊 qfjf 午 qfgf	八字形、八字形的变形
小	t	尖 tfqf 宗 dftf 快 tjfq 木 gftf 录 bptf 当 tfbp 兴 tfqf 组 cpbb	小字形、小字形的变形
点横	f	主 ffbf 病 ffbc 广 ffcf 言 ffkf	点和横的结合

四、示例

例如"端"字，首先角形分析，如图 7－1 所示。

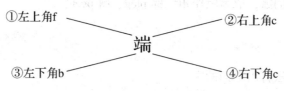

图 7－1　"端"字的角形分析

所以，在键入［fcbc，小字屏就会出现：端 drd 来。很容易知道该字念 dr、动作、一声。

五、取角方法

1. 一笔可分角取号。

以 cqpf、乱 cckb、七 gfpb、习 bpbc、乙 bppb、几 ppcb。

2. 一笔的上下两段和别笔构成两种笔形的，分两角取号。

半 tfjf、木 gftf、火 tfqf、大 gfqf、未 jftf、米 tftf。

3. 下角笔形偏在一角的，按实际位置取号，缺角为 f。

户 dfcf、亏 bffc、弓 bpfc、飞 bcfb、产 ffcf、妒 gdgf。

但"弓、亏"等字用作偏旁时，取 c 作整个字的左下角。

张 bccd、鄂 kpcc。

4. 外围是"口、门、"的字，左右两下角取里面的笔形。

园 kfcb、田 kfgf、闭 dpcg、闲 dptf。

但上、下、左、右有附加笔形的字，都不在此例。

苗 ggkf、恩 kfdd、泪 dkbf、睦 kgfb、简 qqcc。

5. 一个笔形，前角已经用过，后角为 f。

王 bfbf、冬 cpdf、之 dfdf、直 gfbf、中 jfff、心 ddff、斗 dgff、持 jgfg。

六、附则

1. 笔形以印刷通用汉字字形为准。

2. 角形尽量取复笔。庄 ffcb、寸 gfdf、气 qffb。

3. 点下带横折的字，上角取作 f。空 dfbf、户 dfcf。

4. 角形有两单笔或一单笔一复笔的，一律取最左或最右的笔形。非 bbbb、白 ckff。

5. 有两复笔可取的，在上取较高的复笔，在下取较低的复笔。功 bgbc、九 gffb、成 jdcf。

6. 当中起笔的撇，下角有他笔的，取他笔作下角。衣 ffpd、左 gfbf、友 gfgf、寿 jfdg。

7. 但左边起笔的撇，取撇笔作角。辟 pfcg、尉 pgcf。

七、作业

1. 用四角查字法打出下面的字。

大　公　款　理　高　热　望　前　索　道　资
土　性　参　部　明　灭　美　农　景　科　量
活　阿　鹅　府　要　牌　噢　责　想　球　委
织　统　荣　色　随　松　法　复　范　改　格
海　很　附　就　将　据　困　靠　联　老　脑

2. 用四角查字法打出下文。

水 调 歌 头

明月几时有？把酒问青天。不知天上宫阙，今夕是何年。我欲乘风归去，又恐琼楼玉宇，高处不胜寒，起舞弄清影，何似在人间。

转朱阁，抵绮户，照无眠。不应有恨，何事长向别时圆。人有悲欢离合，月有阴晴圆缺，此事古难全。但愿人长久，千里共婵娟。

念奴娇·赤壁怀古

大江东去，浪淘尽，千古风流人物。故垒西边，人道是，三国周郎赤壁。乱石穿空，惊涛拍岸，卷起千堆雪。江山如画，一时多少豪杰。遥想公瑾当年，小乔初嫁了，雄姿英发。羽扇纶巾，谈笑间，樯橹灰飞烟灭。故国神游，多情应笑我，早生华发。人生如梦，一尊还酹江月。

第八章 汉语音义结构复音语汇

第一节 复音语汇构成规则（两字词）

一、使用度较高的常用两字词直接以音母构成

例如：生产/w；h、保卫 boy、祖国 zugf、人民 rnmj、法律 falv、永远 ilr、幸生 xw/w、健康 jhkk、愉快 vkq、幸福 xwfu、热烈 relq、精神 jw/n、日常 r；k……

二、同码词排序

同码词排序一般是从常用词开始。例如：guj：①估计、②顾及、③咕唧、④咕叽。ilr：①永远、②用完、③意乱。

要求牢记排在每组同码词的前三个词。

三、同码词区分

为区分同音，一般常用的两字词要在词尾附加上词尾字的声调词性标识字母。

例如，涉及/ej、社稷/ejf；保卫 boy、包围 boyt；幸生 xw/w、兴盛 xw/wz；健康 jhkk、肩扛 jhkkt；精神 jw/n、精深 jw/ng、精审 jw/ny；日常 r；k、圆场 r；km；教师 jo/、教士 jo/f……

四、叠音词规则

由两个发音相同的字重叠构成的词叫叠音词。

1. 常用叠音词，在字音后面加"/"。例如：妈妈 ma/、姑姑 gu/、刚刚 gk/、仅仅 jn/……

2. 为离散相同结构，对同构现象严重的还需加"/"。例如：星星 xw/、惺惺 xw//、片片 pb/、翩翩 pb//……

也有的加标识字母。如：篇篇 pb/b、偏偏 pb/d、一一 i/s……

叠音词的规则还属于试用阶段，没有确定统一。理论上一致起来当然便于应用，

但这类词太多，汉语几乎所有动词都可以叠音使用，究竟依靠词库规则好，还是依靠电脑智能好，尚需一段实践才好确定。

五、"子"结尾名词规则

在两字词中，以"子"结尾的名词，要在词尾带上首字的标识字母。房子 fkzp、椅子 izm、橙子；wzp、孩子 hszp、筷子 kqzf、句子 jvzf……

六、儿化韵规则

儿化韵要以"r"结尾，不能打"er"。如：花儿 hzr、把儿 bar、盆儿 pnr……

现代汉语中两字词数量巨大，构词规律较多。以上几条规则在总体应用是非常普遍的，并且所有词汇的定型及定位是确定的。在实践中要细心揣摩、不断积累，它是学习汉语速录的要点。

七、作业

1. 举例说明两字词结构要点。

2. 看打下文。

> 初级阶段训练目标：
>
> 熟悉记忆常用高频词实现盲打。
>
> 能够用数字键快速实现字词上屏。
>
> 熟悉并能够快速打出标点符号、数字键、常用功能键。
>
> 能够运用键盘快速进行下拉菜单选项操作。

专注的好处（节选）

上小学和中学的时候，教科书就那么薄薄的几本，其他任何书籍几乎都是被禁止的，图书馆借不到，书店买不到，因此只能把教科书翻来覆去地读，用报纸认真地把书皮包起来，里面的书页都翻烂了，书皮还像新的一样。由于没有别的书看，语文书中的课文背了一遍又一遍，从《小英雄雨来》，背到《谁是最可爱的人》，又背到《阿Q正传》；到现在为止每一篇课文都还像刻在心上一样。

现在回想起来，背过的大部分课文是适应政治形势的文章，好像白背了，要是当初就把中国文化中最美好的篇章都编到教科书里面，到今天一定还能用到，并且受益无穷。

于是不禁想起了两件事，一是不知道现在的教科书到底编了些什么课文，如果现在的学生还能像我们当初背那些没有用的文章一样背出来这些课文，是不是能够受用终生；第二件事情就是古时候学生从小只背四书五经，必须背得滚瓜烂熟，尽管刻板狭隘，但凡是背过的人一辈子都可以引经据典，出口成章，也成就了不少像苏东坡、王安石这样的伟大人物。当然现在的学生除了语文，还要学习数学、物理、化学、生物、英语等学科。而且还必须学，不学就会落后于时代。结果是知识面比古人要广得多，但从熟能生巧到终生使用来说，则大部分学生都是为了考试学习，考试完了就忘了。

学习不再是为了终身受益，过完了考试门槛，学过的知识就可以像敲门砖一样扔掉了。

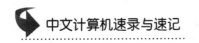

第二节 复音语汇构成规则（多字词）

一、三字词

汉语三字词数量相对少些，主要以字音输入为主。要注意下面情形的规定打法。

1. 词中有"尔"字的不能打"er"，而一律打为"r"。

例如，哈尔滨 harbj、阿尔泰 arts……

2. 词尾是儿化韵的可省去。

例如，什不闲儿 buxh、中不溜儿 wlbulc、照面儿 womb……

二、四字或四字以上词汇

汉语四字或四字以上词汇主要是成语、俗语、谚语或常用诗句。它们的输入方式有两种。

1. 通常都是简打，即只输入各音节第一个字母。

例如，设身处地 //；d、生生不息 //bx、说时迟那时快 //；y、不入虎穴，焉得虎子 brhxb、杯水车薪 b/；x、大义凛然 dilr、得意门生 dim/……

2. AABB 型重叠式的四字词，应先打出 AB 来，再以"/"结尾。

例如：形形色色 xwse/、热热闹闹 reyo/、平平安安 pmh/、说说笑笑/fxo/……

3. ABAB 型重叠式的四字词，应先打出 AB 来，再以"；"结尾。

例如：打听打听 datm；、学习学习 xyx；、参观参观 chgr；、批评批评 pipm；……

4. 如果前两个字是一个词，后面又连上一个两字词，或是又连上两个字，这样的四字结构在汉语中非常普遍。它们既非成语，也不属于俗语、谚语。它们的打法则要在前一个词打出后，后面的词或字再简打。现代汉语中，两个两字词连用的现象非常多，四字结构很普遍，所以这种打法的形成也是必然。

例如，按照政策 hwongc、按照规定 hwogd、科学试验 kxy/b、扩大内需 kfdayx、研究成果 bju；g、非常成功 fd；k；g……

5. 在速录中，有些常用大词组或句子，也是使用四字词结构的打法，采取开头词打出，后面全部简打。这些常用词句应一一熟悉并经常使用，对提高记录速度很重要。

例如：扩大农产品出口 kfday；、加强政治法制对话 jaqkww、开展广泛的合作交流 kswhgf、领导班子成员 lmdobz；、不断深化战略协作 budr/hh……

四字或四字以上词汇的简打规则在速录中非常重要。可以说在各种速录规则中，

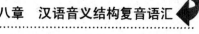

它是实现快速记录的基本原则。

三、作业

看打下文。

> 初级阶段训练要点：
>
> 熟悉键位，达到击键的连续性、快速性。
>
> 熟悉字词规则，达到边录入、边确认、少回改的录入节奏。
>
> 看打流畅高效，达到100字/分钟，错误率2%以下。

专注的好处（节选）

进了大学之后，我就再也没有体会过小时候一篇篇课文慢慢背，背出无限乐趣来的那种快乐。

在大学里发现同学们像百米冲刺一样比赛着读书，读了一本又一本，大家不是比谁把哪本书研究透了，而是比读书的数量，只要能把书名、作者和内容概要记下来，能回到宿舍吹嘘就是胜利。结果在大学读了很多书，几乎没有哪本书中的重要思想能够信手拈来地引用。现在想来，要是在大学不那么虚荣地去追赶同学的读书数量，而是踏踏实实研究几本书，可能现在学问的境界和思想的深度就不一样了。

林肯好像一辈子的床头书就是圣经和莎士比亚，别的书他都不读，结果心智同样伟大而广博；当然我不是说大家一辈子只读几本书就够，而是在广泛读书的同时，确实应该真正精读几本书，甚至背诵，达到心灵的领悟为止。

在大学的时候，也曾经拼命学习英语，教科书学了一本又一本，结果学了很多年，英语水平还在洋泾浜的水平上；想想20世纪三四十年代我们老师那一辈人，进入教会学校后就拿着一本圣经，翻来覆去地念叨，抛开宗教意义不说，几年以后一本圣经翻得烂熟，结果英语水平一辈子过关；记得上大学的时候，听到我们那些老师读英文时优雅的发音和充满自信的慢条斯理，打从心眼里惊奇，设想一下当时既没有录音设备也没有复读机，就能把英文讲得如此地道，那是一种何等迷人的状态。我们现在什么学习设备都有了，把英文学好却很难，是什么原因呢？是我们没有把注意力专注到一个点上，一个点都没有抓住，想要抓住全面当然会很难。所以现在有人问我英语怎么学，我常常一句话说完：把任何一本好点的教科书背得滚瓜烂熟就行，我没法说让大家把圣经背出来，否则大家会以为我是传教的呢。

第三节　常用简略语

一、常用简略语

常用简略语亦称常用短语或独立语或插入语。速录法要大量应用并不断积累简略语打法。根据其表意作用，可分以下几种类型。

1. 引起对方注意。如"你看、你想、你说、你听、你记着、你猜怎么着……"

2. 表示推测或估计。如"看来、算起来、我想、充其量、少说一点、往少里说……"

3. 表示强调。如"特别是、尤其是……"

4. 表示消息来源或依据。如"听说、据说、据可靠消息、据有关人士披露……"

5. 表示态度。如"毫无疑问、不可否认、不用说、十分明显、老实说、严格地说……"

6. 表示承上启下或总结。如"总之、总而言之、由此可见、换言之……"

7. 表示称呼或回应对方。如"朋友们、同学们、同胞们……"

二、简略语打法

速录大多与一般词汇录入相同，三字以下打全音，四字或四字以上打开头字，后面简打。

三、熟记下列简略语

奏国歌	尤其是	老实说
升国旗	由此可见	朋友们
升会旗	由此可知	往少里说
致欢迎词	换句话	算起来
致开幕词	换言之	同学们
下面请	毫无疑问	同胞们
首先请	不夸张地说	我想
首先是	准确地说	我们认为
十分明显	严格地说	乡亲们
少说一点	严厉打击	先生们

充其量	据有关消息	你想
不可否认	据最新消息	你记着
不用说	据最新报道	你看
不用看	据可靠消息	你听
不用问	据有关人士披露	女士们
特别是	老乡们	你说

四、作业

看打下文。

初级阶段技能训练要点 1：

提高击键快速性、连贯性和高准确率，达到 400 键/分钟。

练习与测试同步进行，每练必测。

测试与总结同步进行，针对规则与手法上的"短板"，强化训练。

务必达到"速度"和"准确率"才能进入下一课学习。

专注的好处（节选）

现在的孩子们选择太多，对于他们来说是好事也是坏事。好事是见多识广，机会众多；坏事是不再专心致志，常常三心二意见风使舵，不断改变自己生活和工作的方向，结果最后就迷失了方向，也迷失了人生。

我的一个朋友做过一个调查，看有多少大学生对于自己的专业不喜欢，结果有一大半是不喜欢的。过去专业是被分配的，不喜欢情有可原。现在专业是学生自己挑的，不喜欢就已经不对头。但更加不对头的还在后面，很多同学因为不喜欢就换了自以为喜欢的专业，结果调查发现，在换过专业的学生中，依然有一半的同学对于自己换过的专业还是不喜欢。

可见现在的大学生在众多的机会面前是多么的不知所措。回想起来，反而觉得我们那时的大学生活更加幸福。国家给你分配一个专业，你学也得学不学也得学，结果是不得不学会喜欢，后来很多人还成了专业领域的杰出人才。

正像丘吉尔所说的那样，一个人不在于他喜欢做什么，而在于学会喜欢正在做的事情。

任何一件事情获得成就，都需要付出巨大的努力，有时候很多人喜欢一件事情是表面的喜欢，一旦要付出努力就会望而却步。我有一个朋友喜欢听钢琴曲，对于会弹钢琴的人羡慕得要死。后来终于有了时间有了钱，于是下定决心要学钢琴。请了很好的老师，结果两个月之后就彻底崩溃放弃。我问他为什么放弃，他说听到自己弹出来的刺耳的声音，神经病都快发作，对钢琴再也没有兴趣了。从此把自己对于钢琴曲的喜欢也消灭了。

所以，我们喜欢一件事情和要真正做好一件事完全是两回事，做好一件事的前提是要付出巨大的努力和心血。我在开始做新东方的时候，是被生活所迫，所以谈不上喜欢做，有几个和我同时创业的人，最后都耐不住寂寞和辛苦，半途而废了。但我没有别的事情好做，人又不够聪明，所以只能坚持下来，最后歪打正着，做成了新东方，也喜欢上了新东方。

我们一辈子拥有的时间不是无限的，我们能够做的事情也不是无限的，所以在不断探索世界、扩大眼界、博览群书、广泛涉猎的同时，能够让自己专注起来，一心一意熟读几本书、一心一意学习一个专业、一心一意做成一个事业、一心一意爱一个人，未尝不是一件无比幸福的事情。

第四节 数量词与日期

为提高速录的快速性，对某些特定的用语实行简化打法。表示数量与日期的用语就属于特殊的简化打法。应该熟练掌握运用。

一、数量词

1. 大于 10 的数字按数位分隔连打（有的要 s 结尾）。

如，十六/lcs、八十一 ba/s is、六万七千四百九十三 lcrs qqhs sbs ju/s shs；。

2. 量词前连接数词"半、一、两、二……十"可直接连打。

如，半斤 bhjn、一届 ije、两周 lp〔g、六吨 lcdt、八年 bayb。

3. 量词前连接代词"几、每、这、那、哪、各、某、多"可直接连打。

如，几届 jje、每周 mdwg、这年 weyb、那次 yac、哪个 yag、各等 gdw、某部 mgbu。

4. 复音量词前连接代词"几、每、这、那、哪、各、某"直接连打。如，几公里 jglli、每星期 mdxwq、几分钟 jfnwl、每毫米 mdhomi。

5. 代词"每、这、那、哪、某、你、我、他"与量词连用，并且中间夹"一"，可直接连打。如，这一点 weidb、这一段 weidr、某一车 mgi；e、每一周 mdingg、每一架次 mijc、他一声 tai/w、我一身 fi/n、那一届 yaije、哪一年 yaiyb。

二、日期

1. 月份：

一月 iy

二月 ery

三月 shyf

四月 sy

五月 uy

……

十二月/ery

2. 星期：

可按三字词输入，例，星期一 xwqi，也可简打如下。

星期一 xqi

星期二 xqe

星期三 xqsh

星期四 xqs

星期五 xqu

星期六 xqlc

星期日 xqr

三、常用时间名词表

去年	本周	次日	今日
今年	上周	从前	近代
明年	始终	当初	近年
前年	下周	当代	近期
后年	这时	当今	近日
昨天	那时	当年	旧日
今天	现在	当日	旧时
明天	将来	当时	来年
前天	过去	当天	凌晨
后天	目前	当晚	明日
上月	当前	当夜	明晚
上个月	刚才	饭后	年初
下个月	上午	饭前	年底
本月	下午	拂晓	年终
本年度	中午	古代	年中
上年度	早晨	古时	平日
下年度	晚上	古时候	平时
星期一	傍晚	后来	其后
星期二	清晨	后期	前期
星期三	深夜	黄昏	清早
星期四	黎明	即日	日后
星期五	白天	节后	日前
星期六	半夜	今朝	如今
上星期	此刻	今晨	晌午
下星期	此时	今后	上旬
时下	夜里	午后	常年

事后	已往	昔日	中期
事前	月初	下旬	中世纪
晚期	月底	先前	中旬
往常	月中	现代	周末
往后	早期	现阶段	子夜
往年	早上	现今	最后
未来	终年	现时	最近
昨晚	中年	夜间	

四、作业

看打下文。

> 初级阶段技能训练要点2:
>
> 注重"短板"强化,习惯成自然会积重难返。
>
> 警惕两大隐含"短板":
>
> 1. 击键频率高但删除动作也多。
>
> 2. 录入速度高但简打规定运用少。

笨有笨的好处

中国有个成语叫"笨鸟先飞",用来鼓励那些笨人。人都是十月怀胎来到这个世界的,没有办法提前出生,所以没有办法先飞起来。开始上学时都是在同一个年龄,也没有太多的办法提前飞起来。等到发现自己比别人笨时,别人已经飞到前面去了,所以想先飞都不可能。那么笨鸟能不能飞到目的地呢?答案是能,但需要有一个条件,那就是"笨鸟先飞",你既然先飞不了,飞得比别人慢,那就比别人多飞一点,用更多的时间和努力来弥补自己先天的不足。

在小学的时候,我就发现自己很笨了。小学语文老师要求所有学生把课文背出来,很多同学只要在课余时间把课文读几遍,就能够到老师面前去背诵了。背出来后,老师会在课文标题的上方用钢笔写上一个大大的"背"字,表明学生已经把课文背出来了。背出课文来的学生从此就可以万事大吉,不用再挨老师的白眼和折磨了。但我无论如何努力都不能在当天把课文背出来。通常要努力好几天或者一个星期,读上成百上千遍,才能够把课文背出来。老师的白眼没有少挨。但后来好处也渐渐显现出来,那些背诵速度很快的同学,又很快把背出来的课文忘记了。原来速度和遗忘成正比,背诵的速度越快,遗忘的速度也越快。而我由于要背无数遍才能够把课文烂熟于心,就不太容易忘记了。到期末考试的时候，很多同学又开始重新背课文，而我却依然能够把很多课文从头背到尾，不用复习太多就能够应对考试。

有一个故事说雄鹰飞到金字塔的顶端只要一瞬间，而蜗牛爬到金字塔的顶端需要几年。同样的一件事一个目标，有些人一瞬间就能够完成，有些人却需要用一辈子的努力去实现。我们可以把那些依靠自己的天赋轻而易举就完成一个目标的人叫做天才。但这个世界上天才人物毕竟是少数，否则他们就不会被叫做天才了。事实是，这个世界并不是由天才所统治的，而是由那些经过艰苦卓绝的努力实现自己的目标并养成坚忍不拔的个性的人所统治的，我们可以把这些人叫做地才。地才就是脚踏实地，通过点点滴滴的努力实现自己目标的人才，很像是爬金字塔的蜗牛一样，需要超常的耐力和更多的时间。如果有一件事情摆在我的面前需要我去完成，我宁可选择更艰难的道路，就像蜗牛一样爬上金字塔而不是像雄鹰一样飞上金字塔，我的生命会因此留下更多的回忆和令人感动的瞬间。做一件事不需要努力，就像谈恋爱不需要追求，登山不需要攀爬一样，不会给我们的生命留下任何足以品尝的味道。当我们站在某一个点上回望过去，凡是能够珍藏心中的日子都是我们付出了汗水和艰辛的日子，是回忆起来让我们感动得泪流满面的日子。

第五节　复　习

中文计算机快速记录是一项"飞键追音、语毕文出"的高新技能。而汉语音义结构的单音、复音语汇的规则就是这项技能的基础。熟练掌握运用汉语语汇区分法规则，不要一个字词一个字词地死记硬背。而是先要从总体上系统地深入理解，然后将其同类分为不同的块、群，将具体的词汇联想起来记，就会记得牢、用得快。

在第六章里我们学习了声调、词性的 16 个字母，如表 8 - 1 所示。

表 8 - 1　四大词类表意规则

	名词	动词	形容词	动名词
一声	b	d	g	j
二声	p	t	k	q
三声	m	y	h	x
四声	f	l	z	c

这 16 个词汇的声调、词性区分符号非常重要。它们的作用首先是将汉语中大量的同音词按其属性的不同，清晰有序地离散开来。没有它们，打单字就只能靠"翻页"、"消字法"等输入方式，大大影响录入速度。

同时，它们在多音词的区分上仍起重要作用。

一、汉语全息速录法实行词汇区分总规则

汉语的单音语汇同音现象非常严重，手写时代它们是依靠不同的字形结构区分。虽然现在我们根据它们的词性做了 16 大块的区分，但它们的同调、同词性现象还是大量存在。快速录入不能为"找字"停留过多时间。

即使在多音词汇里同音现象仍很严重，尤其是两字词。

为彻底解决汉字的这一顽症，汉语全息速录法总体实行以下规则。

1. 单音词（单字）。按照它们常用不常用，即它们的使用频率排开一队，最常用字以音表义，如：是/、去 qv、恰 qa、来 ls、间 jh；较常用字加";"，如：市/;、区 qv;、掐 qa;、赖 ls;、渐 jh;；一般常用字须加声调、词性区分符号，如：答 dat、严 bk、见 jhl、建 jhl；使用频率靠后的再加";"，如：妍 bk;、溅 jhl;、谏 jhl;、践 jhl;。

2. 对于那些不常用的字，将它们集中到查字法里，作为记录稿修改定字用。在出会记录工作时为快速记录，一般通过"'"键，用字母表示语音来代替，不作准确

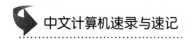

定字。

3. 对于那些通过以上规则后仍然相同的单音词（单字），在选字屏上必须按使用度不同，由前到后排列。并且为便于记忆和使用，必须定型定位，不得变动。如：jhl 1 见 2 建，jhl；1 溅 2 谏 3 践 4 饯。

4. 汉语多音词同音现象也很严重，特别是两字词。它们也是按照适用度的原则分别定型。较常用词以音表义，如：清单 qwdh、清晰 qwx、宽敞 kr；k、简便 jhbb；其他词须加声调、词性区分符号，如：清淡 qwdhz、清洗 qwxy、宽畅 kr；kz、简编 jhbbj、渐变 jhbbl。

5. 对于编码相同的多音词，凡同音的在选字凭上也须按照使用度不同，由前到后排列。并且为便于记忆和使用，必须定型定位，不得变动。如：qw；u 1 清楚 2 清初、qw；ud 1 请出 2 清出 3 倾出。编码相同发音不同音词序是字数少的排在前面，定位次序不变动。如：dfjc 1 多印 2 多音词 3 大放厥词。

6. 速录中对于词库里没有的多音词，一般通过击"'"键，用字母表示语音来代替它们，不作准确定字。修改稿时如果属于词汇，应及时自造词补充词库，如果不属于词汇不要加入词库。

二、词汇定型定位的作用

当前中文速录的"智能化"是一个误区。其一，提示框的词序不断变动，只要已用过的词，就会不断地往前排。其二，运用词汇的常见关系自动搭配成词。理论上，这是一个很好的方向。实践上，有人在输入某些汉字上方便、省力了一些，但也在输入某些错字上为修改、纠错又费了不少力，孰快孰慢说不清楚。学术上，这是一个计算机智能化人工识别的长远课题。一般人用自己的汉语拼音知识和这种输入法的"智能化"如果没有速度要求，单纯的打字还是蛮省力的。

但这种"智能化"不能用于快速记录语言，至少现在还不能。原因有以下几点。

1. "用过词前排"虽然能够实现，但并不都是正确的。人们说话行文并不是后面与前面同音词都是同一个词。

2. "自动搭配成词"准确率有限。汉语词汇意义搭配不仅限于一般的搭配，真正达到"可实用"层次，不仅含盖了民间语言、书本语言和科技语等领域，也涉及词义的客观性和主观性、词义的社会性、词义的概括性、词义的发展性及语义场等方方面面，而现阶段的研究成果还仅处于初级阶段。如果为修改一个词，光标需定位、回位移动两次加上退格、再加上重打的时间，而漏记更多的词句则得不偿失。

3. 速录法与输入法不同。速录工作要求每秒钟达到正确输入字数为 2～4 个字。实践数据表明：用退格键消除再重打一个字词的时间，等于至少能打 3～4 个字词的时间。如果用鼠标或后退键消除再重打一个远距离的字词，等于至少能打 2 ~ 3 个句子的时间。

速录法的语汇是定位定序的。尽管在训练中需要努力去记忆，但不必打一句还要看一遍甚至还要远距离修改，节省了大量的有效时间。

速录高手的深厚功底很关键之处就在于对语汇的排序位置拿捏得精准。

三、作业

1. 汉语语汇的声调、词性是怎样标识的？

2. 汉语单音语汇的使用频率是怎样标识的？

3. 为什么当前的"智能化"不适合速录工作的需要？

4. 怎样快速牢固的记住汉语单音词汇（单字）的结构？

5. 看打下文。

初级阶段技能训练要点 3：

每篇文章必须一气呵成。

训练程序"练习、测试、总结、再练习"必须完整。

善于交流和学习他人。

笨有笨的好处 2

看过《阿甘正传》的人没有一个不被阿甘的生命轨迹所感动。阿甘是一个笨人，是一个傻人，却又成了人们心目中最成功的人。他因为被同学欺负不得不拼命奔跑，结果成了跑得最快的橄榄球队员。他傻得连自己的命都不要抢救战友，结果成了民族英雄。他一心练习乒乓球忘寝废食，结果打成了世界冠军。他努力捕虾一无所获但绝不放弃，结果成了最著名的捕虾大王。哪怕他没有目的的环球跑步，也为他赢得了一大堆的追随者。

我们可以得出的结论是：一个笨的人并不等于没有成就的人。他身上只要具备两样东西就能够像阿甘一样总有收获。这两样东西一是目标，一是专心的坚持，而结果就是自然而来的。就算没有结果也有收获，因为你毕竟有了与众不同的经历。

从北京到天津，聪明的人一定会向东走，在几个小时后就能够到达天津。愚笨的人可能会向西走，几年以后绕地球一圈走到了天津。但笨人并不一定吃亏，因为这几年中他实际上已经游历了全世界的山山水水，经历了人世间的风风雨雨；在万里苍茫之后再来看天津，其色彩和深度绝非几个小时后到达天津的人能够相比。

因此，笨有笨的好处。意识到自己笨，正是聪明的开始；意识到自己因为笨所以要努力，是迈向成功的开始；意识到自己因为笨所以要专心超常的努力，是取得成就的开始；意识到自己因为笨不仅仅需要超常努力，还要心平气和给自己足够的时间和耐心，是成为天才的开始。

第九章　提速训练

第一节　常规提速训练

一般而论，普通人经过一段认真的速录训练，达到每分钟 80~100 字上下，速录初级操作员级别是没有问题的，但再要提速就比较有难度了。要从以下几个方面综合提高。

一、击键方式

1. 击键速度要快。速录员击键速度要求每分钟 600 键以上。
2. 腕根部要抬起，不要接触键盘。手背、腕根部、小臂保持一平。十指扬开。
3. 尽量多用一些连击，对一些用得较顺的并键音节要记住，并经常使用。
4. 击键要准。一次退格键再重打，等于少击 3 次，甚至半句话都没了。对于连续两个或多个错键不能用退格键消除，一定要击 Esc 键。

二、常用词汇结尾及序位

1. 牢记常用词汇的结尾，对它们应快速一击键完成，不能总查看选字屏。
2. 牢记常用词汇的序位，对它们应及时击数字键，也不能等待选字屏。
学习速录要常备一个笔记本，把以上两个方面需要记住的字词写下，并经常翻看记牢。这是基本功扎实的一个重要方面。

三、专门的提速训练

速录训练中速度不是一直不断的上升，当达到一定阶段后就会进入一个平台期，再怎么练速度提升就是不明显。

平台期与每个人的基本素质有关。出现早的在 60 字左右就开始。大都出现在 100 字左右。处于平台期不要急躁，因为在速度上升后总需要一个阶段的充实与巩固。

如果平台期过长，就要认真地对待了。首先要检查击键问题在哪里，哪些键位常错，词汇结尾及序位记得多不多、牢不牢。要针对影响速度的主要原因进行重点训练，每个人的"反应快、思考快、节奏快"的程度是不一样的，这是各自在不同的环境自小养成的。挑战自我、突破个人长期的习惯模式，最好的方法是"分句打"。

"分句打"是指先取一个稍高的语速录音定为目标，然后从第一句开始反复听打，达到"语停文出"没有错误程度再打第二句。认真体会这种快速度的节奏以及各方面的感觉。全文打完后，可以两句两句打、一段一段打，再扩展到多篇文章打，以逐渐把这种快节奏巩固下来。

"分句打"是提升自己快节奏打字的有效方法。无论处在怎样的平台期，常规都是用这个方法来有效提高记录速度。

四、作业

1. 跟打训练的基本方法是什么？

2. 跟打下文（80 字/分钟）。

中级阶段训练目标：

适应听打模式要求。

忽略偶尔失误，养成整篇修改的习惯。

录入速度 140 字/分钟以上，准确率 98% 以上。

具备连续 1 小时以上稳定速度录入耐力。

社交恐惧症

如何克服社交恐惧，在日常生活中你有没有讨厌面对人群或是害怕面对人群，并且面对除自己以外的世界有着强烈的不安感和排斥感，或者还特别害怕某些场合或某些人？如果以上的表现都发生在你身上的话，那么你可能患上了社交恐惧症。下面就请你和我一起走进下面这篇文章，和我一起去了解社交恐惧症。

社交恐惧症也称为见人恐惧症，是恐惧症中最常见的一种，大约占到恐惧症病人的一半左右。不过在这个高速发展的社会，基本上每个人都患有轻微的社交恐惧症。原因就是由于我们工作压力过大，我们不得不每天面对各种各样的人，接触不同的事物，这就会加大患社交恐惧症的可能。

社交恐惧症的表现是对任何可能社交或公开场合感到强烈恐惧或犹豫的一种心理疾病。还有就是对于在陌生人面前，或者可能被别人仔细观察的社交或表演场合，有一种显著且持久的恐惧。害怕自己的行为或紧张的表现引起羞辱或难堪。有些患者对参加聚会打电话，到商店购物，或询问权威人士都感到困难。不过，一般人对参加聚会或其他会暴露在公共场合的事情都感到轻微紧张，但这并不会影响到他们出席。

真正的严重的社交恐惧症会导致无法承受的恐惧。严重的案例，病患甚至会长时间地把自己关在家里孤立自己。

社交恐惧症主要可以分成两类。第一，广泛交往恐惧症。如果你患了广泛交往恐惧症，在任何地方任何情境中，你都会害怕自己成了别人注意的中心。你会发现周围每个人都在看着你，观察你的每个小动作。你害怕被介绍给陌生人，甚至害怕在公共场所进餐，喝饮料，你会尽可能回避去商场或进餐馆。你从不敢和老板同事或任何人进行争论，捍卫你的权力。第二，特殊交往恐惧症。如果你患了特殊交往恐惧症，你会对某些特殊的情境或场合特别恐惧。比如你害怕当众发言，当众表演。尽管如此，你在别的社交场合却并不会感到恐惧。推销员、演员、教师、音乐演奏家等，经常都会有特殊社交恐惧症。他们在与别人的一般交往中并没有什么异常，可是当他们需要上台表演或者当众演讲时，他们会感到极度的恐惧，常常变得结结巴巴，甚至愣在当场。

第二节　跟打提速训练

跟打通常指在培训师带领下的提速训练。这种模式是听一句打一句，即读稿人或讲话人读一句停一下，等记完或多数人记完，再读下一句。

跟打训练最好是集体训练。一般 10 ~ 20 名学员为宜。如果条件允许，尽量不要单独听着语音播放练习跟打。在集体氛围的激励下，一般不会感到枯燥、乏味。尤其处于提速训练的平台期，能有效降低焦躁情绪。

在培训师指导下的跟打训练，可以使自己少走很多弯路。培训师具有较多的训练经验，他们不仅能够科学地设计提速节奏，筛选较好的语音内容，还能根据每个人存在的缺欠或不足，有针对性地指出纠正或提高的意见。

速录训练不宜将自己长时间地封闭在单独空间里。尤其是没有较多社会接触的学生或刚走向社会的毕业生。"社交恐惧"是速录工作的大忌。一个较高级的速录员都必须具备心态稳定、神态从容、举止自然的素质。一般说来，从提速训练的开始，就应该尽力扩大社会交往，适应群体环境，提高大场面应对自如的互动能力。

在跟打训练中，应注重以下要点。

1. 反应快：注意力要高度集中，善于将听到的语言流快速地、不假思索地形成大脑的意识流。这是由看打转变为听打的关键技能。反应快的首要前提是听力灵敏，而听力灵敏的关键就是注意力高度集中。在听打训练中，两耳一定要始终保持在高度的"警觉"状态。

2. 理解快：很显然，如果不能快速理解语音、对听到的语音内容感到陌生，也就是说"听不懂"，想要达到将听到的语言流快速地、不假思索地形成大脑的意识流是不可能实现的。一定的社会及自然知识很重要。速录工作是一个新兴的高素质的科技行业。从事这项工作的人员要不断地提高自己的文化素质，使自己在一般工作所及的领域、专业、话题都能具备快速、准确理解的能力。

3. 记忆快：速录员的"记忆快"与通常意义不同，准确地说应该是"记得快"同时"忘得快"，也就是指大脑记忆内容交替快。对于任何谈话内容，均能做到"感人之处不动情，精辟之处不深思"。否则会导致注意力分散，影响记录质量。

4. 集体训练与个人强化相结合。在跟打训练阶段一定要坚持集体训练后的个人强化练习。如果忽视了个人强化，势必延长由看打向听打状态的转化过程。如前所述，看打和听打是两种不同的文本录入模式，有很多心理、文化、技能、素质上的综合要求，这些不能完全依靠在集体训练时整合协调，必须结合个人特点用心揣摩和体会。

因此，个人练习非常重要。无论在时间上还是在精力上，应该远远大于集体训练。

作业

1. 跟打训练要注意哪些方面？
2. 跟打下文（80 字/分钟）。

中级阶段训练要点：

键盘要盲打，选字框要少看。

手指、手腕、手臂松弛、协调和耐力强化。

熟悉四角查字，能够打出不认识字。

熟练掌握排在选字框前三位常用字词。

社交恐惧症 2

患有社交恐惧症的人总是担心会在别人面前出丑。在参加任何社交聚会之前，他们都会感到极度的焦虑，他们会想象自己如何在别人面前出丑。当他们真的和别人在一起的时候，他们会感到更加不自然，甚至会说不出一句话。当聚会结束以后，他们会一遍一遍地在脑子里重温刚才的镜头，回顾自己是如何处理每一个细节的，自己应该怎么做才正确。两类社交恐惧症都有类似的躯体症状，口干、出汗、心跳剧烈、想上厕所。周围的人可能会看到的症状有红脸、口吃结巴、轻微震动。有时候患者发现自己呼吸急促手脚冰凉，最糟糕的结果是这些人会进入惊恐状态。

社交恐惧症是非常痛苦、严重影响人们生活工作的一种心理障碍，许多一般人能够轻而易举办到的事，社交恐惧症的人们却望而生畏 。这些人们，可能会认为自己是个乏味的人，并认为别人也会那样想，于是他们就会变得过于敏感，更不愿意打搅别人，而这样做会使得患者感到更加焦虑和抑郁，从而使得社交恐惧的症状进一步恶化。许多患者改变他们的生活来适应自己的症状，他们和他们的家人不得不错过许多有意义的活动，他们不能去逛商场买东西，不能建立正常的两性关系，不能带孩子去公园玩，甚至为了避免和人打交道，他们不得不放弃很好的工作机会。不过像我们一般人都会有些轻微的社交恐惧症 ，但是一般影响不了我们的生活和学习，如果你认为你的恐惧已经影响到了你的生活和工作的话，那就不妨试一试以下的方法，相信会对你有所帮助的。首先每天起床后面对着镜子，大叫三声我是最棒的，然后在镜子中找到一个自己最漂亮的笑的姿势，然后保持这个笑的姿势，走到大街上对每一个人都使用笑容，你会发现其实大家都在对你笑，这样会树立起人们的信心；其次是先主动与亲人和较亲密的朋友交谈，尽量选择轻松愉快的话题，慢慢地要求自己抬起头来看对方，慢慢学会毫无畏惧地看着别人，并且是专心的。

当然对于一位害羞的人开始这样做比较困难，但你非学不可，试想，你若老是回避别人的视线，老盯着一件家具或远处的墙脚，不是显得很幼稚吗？难道你和对方不是处在一个同等的地位吗？为什么不拿出点勇气来，大胆而自信地看着别人呢？最后要丰富自己的知识，有时你的羞怯不完全是由于过分紧张，而是由于你的知识领域过于狭窄，或对当前发生的事情知道的太少的缘故。假如你能经常读些有用的书籍、报纸杂志，开阔自己的视野，丰富自己的阅历，你就会发现在社交场合你可以毫无困难的表达你的意见，这将会有力地帮助你树立自信，克服羞怯。其实什么事情都没有什么可怕的，只要抱着一颗努力的心，坚持的心，就没有什么不可以，越是恐惧什么事情，这件事情就会不停地来找你。其实什么东西都是可以被我们战胜的，人最能战胜的事物是自己，只要我们把自己战胜了，其他的任何事物都是可以被我们征服的。

第三节　押句提速训练

一般的打字称为文本的看打。信息的接收源是眼睛，信息的输出源是双手，大脑的工作只是简单的记和想。信息的接收速度根据双手动作可快可慢，并且接收过程可多次重复。

速录称为话语的听打。信息的接收源是耳朵，信息的输出源是双手，眼睛只负责对工作文本的审视。大脑的工作虽然还是记和想，但它与看打根本不同。因为听打的信息接收速度是根据他人的说话速度，稍纵即逝，并且接收过程不可重复。

最大的不同在"记"上。

1. 记忆量大。看打通常一次记一个词或几个词，最多一句话。听打常常是需要记住一句话或两句话。

2. 记忆更新的速度极快。看打时记忆更新的时间长，可以等到双手打完。听打记忆更新的速度就是讲话人的语速，并且不可等。

人类的大脑能够保存信息内容的能力叫记忆。通常意义的记忆，指较长时间的记住，几天、几个月、几年……而速录工作的记忆极短促，通常称为大脑的暂存或闪存。

很多初学速录的人，感到非常不适应。有人一听到录音播放，大脑竟慌得一片空白，双手无措，连字也不会打了。

也有人训练了很长时间，但速录时总是丢三落四，记录稿支离破碎无法看懂。

这些都是因为不会很好地押句造成的。

押句主要研究两个方面的技巧：如何扩大大脑的内存量和怎样把握及时清空内存。

在速录时，通常双手正在键入的内容滞后于讲话人此刻正在讲述的内容，两者相差的这部分内容都储存在大脑的内存里。如果录入速度很快，与讲话人语速接近或超过，大脑内存会较少。反之，记忆量就会很多。人们是通过训练提高打字速度来降低大脑内存量。但人的速度的提高是有限度的。押句的技术就很重要。

如果用数学模式分析押句，那么押句所关注的是大脑内存 Σ 与实际应该记忆量 $\Sigma 0$ 值的关系及其对速录结果的影响。

首先我们知道 $\Sigma_0 \approx \Sigma_1 - \Sigma_2$

Σ_1：语音内容；$\Sigma 2$ 已记录内容。

Σ_0 值非常重要，主要是因为以下几点。

1. Σ_0 值很小：仅在几个字或几个词范围内，说明录入速度非常快，无论语速多么快，录入速度跟语速几乎同步。这是个理想状态，实际上很难实现。

2. Σ_0 值保持在一个合理区间：理论上或实验统计数据表明，速录员的 Σ_0 值应保持在 10 ~15 字上下的一个完整的句子的范围。

（1）通常情况下大脑内存 Σ 也要求记全一个句子，即所谓"耳听一句、手打一句、心记一句"。要保持 $\Sigma \cong \Sigma_0$ 是非常重要的。

（2）当 $\Sigma < \Sigma_0$ 就会发生记录缺失。初学者开始不能记全一个整句子，这是不行的。提高大脑快速记忆量的关键是心态要沉稳平和，注意力要高度集中。

（3）好的速录员能够记得多于一个整句子，即 $\Sigma > \Sigma_0$，这是很理想的速录师或高级速录师的状态。处在这种状态下，不仅能够完整准确地记录，也有充分的余地，来对讲话中某些不够恰当的词句进行必要的修正或精简。不仅听众满意，讲话者本人也很满意。

3. Σ_0 值过大：实际速录工作中，Σ_0 的差值是在不停变动的。当 Σ_0 较大甚至于内存 Σ 难以容纳时，千万不要硬撑下去，必须赶紧清空大脑内存，即 $\Sigma = \Sigma_0 = 0$。重新由当前语音处开始。虽然漏记了一些，但这是漏记最少的。否则硬撑下去，漏记必然更多。

由此可知，速录工作中，Σ_0 总是从零开始逐渐增大，当大到 Σ 不能容纳时，又被清空为零。它总是周而复始的这样变动，聪明的速录员一方面要努力扩大自己的 Σ 容量，另一方面要努力快打缩小 Σ_0 总量，以延长清空的周期发生，减少漏记。还要及时把握清空的火候，以避免更多的漏记。这就是押句技巧的关键所在。必须在听打训练中用心体验，才能不断地提高自己的押句技能。

作业

1. 押句主要是研究哪两个方面的技巧？

2. 说说保持 $\Sigma \cong \Sigma_0$ 的重要性在哪里？

3. 说说押句的周期是如何发生？应如何应对？为什么？

4. 听录音打下文（80 字/分钟）。

中级阶段技能训练要点 1：

熟练掌握跟打、押句、追打基本要领。

以熟练文章为主，形成稳定的录入高速度与快节奏。

真正的上帝是爱心

一个小男孩捏着 1 美元硬币，沿街一家一家商店地询问："请问您这儿有上帝卖吗？"店主要么说没有，要么嫌他在捣乱，不由分说就把他撵出了店外。

天快黑时，第二十九家商店的店主热情地接待了男孩。老板是个六十多岁的老头儿，满头银发，慈眉善目。他笑眯眯地问男孩："告诉我，孩子，你买上帝干吗？"男孩流着泪告诉老头儿，他叫邦迪，父母很早就去世了，是被叔叔帕特鲁抚养大的。叔叔是个建筑工人，前不久从脚手架上摔了下来，至今昏迷不醒。医生说，只有上帝才能救他。邦迪想，上帝一定是种非常奇妙的东西，我把上帝买回来，让叔叔吃了，伤就会好。

老头儿眼圈也湿润了，问："你有多少钱？""1美元。""孩子，眼下上帝的价格正好是1美元。"老头儿接过硬币，从货架上拿了瓶"上帝之吻"牌饮料，"拿去吧，孩子，你叔叔喝了这瓶'上帝'，就没事了。"

邦迪喜出望外，将饮料抱在怀里，兴冲冲地回到了医院。一进病房，他就开心地叫嚷道："叔叔，我把上帝买回来了，你很快就会好起来！"

几天后，一个由世界顶尖医学专家组成的医疗小组来到医院，对帕特鲁进行会诊，他们采用世界最先进的医疗技术，终于治好了帕特鲁的伤。

帕特鲁出院时，看到医疗费账单那个天文数字，差点吓昏过去。可院方告诉他，有个老头儿帮他把钱全付了。那老头儿是个亿万富翁，从一家跨国公司董事长的位置退下来后，隐居在本市，开了家杂货店打发时光。那个医疗小组就是老头儿花重金聘来的。

帕特鲁激动不已，他立即和邦迪去感谢老头儿，可老头儿已经把杂货店卖掉，出国旅游去了。

后来，帕特鲁接到一封信，是那老头儿写来的，信中说："年轻人，您能有邦迪这个侄儿，实在是太幸运了，为了救您，他拿一美元到处购买上帝……是他挽救了您的生命，但您一定要永远记住，真正的上帝，是人们的爱心！"

第四节　追打提速训练

追打与跟打不同。跟打可以听一句打一句，即读稿人或讲话人读一句停一下，等打完或多数人打完，再读下一句。追打则是读稿人或讲话人没有停顿。记录人要听着正在发生的语言信息，同时录入前面的内容，追打属于真正完整意义上的听打或速录工作。

追打的技能基础是押句，它是押句技术的进一步完善与提高。我们知道，在速录中当大脑所记的 Σ_0 较大，还没有发生清空之前，必然出现一个长句追打甚至多句追打的情形。在这种情势下，必须具备追打技能。

追打是押句技能的一个环节，无疑是一个最重要的环节。当 Σ_0 由较高值转为零时，有人是被动不得不放弃，有人是积极主动放弃。被动不得不放弃者训练重点要提高打字速度。积极主动放弃者训练重点要强化追打技能。追打技能主要是研究如何有效减少大脑记忆量、延缓放弃清空的周期，以及在放弃清空前的妥善措施。

一、有效减少记忆量

在大脑记忆量过大时，最有效的减少记忆量、延长放弃周期的做法主要有四点，它们是综合归纳、同义替换、删繁就简和简化记录码形式。分述如下。

1. 综合归纳

大脑记忆量过大时，应随时对记忆内容进行适当的综合归纳，达到既有效地减少文字，又能保证记录内容的不缺失。汉语言是一种神奇的语言，它在理论上，对任何句子或内容都是可压缩的，尤其是现代汉语。语文基础越好的人，压缩水平越高。归纳综合起来记和打，是常用的减少记忆量的有效方法，要注意的是不能丢失重点内容的要点。

2. 同义替换

同一句话或一段话语，若换一个说法，语意没变但文字会少得多。这个方法用在速录上常常会大大减少记忆量和击键数。需注意的是语意方面不能差别太大。

3. 删繁就简

对于可有可无的部分不记不打。语言的多余度是客观存在的。一般书面语言中，经过人们反复的斟酌推敲，多余度会较少。但在人们讲话时，一般人是无可避免的，有些人还会很多。速录者一定要提高自己的筛滤能力，这对于减轻压力，提高速录质量关系很大。

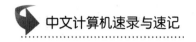

4. 简化记录码

在速录中，常常会出现一些词库不存在的词。一是因为再完善的词库也不可能囊括汉语的所有词汇，二是因为讲话人即兴发挥自造一些似是而非的词来，或者速录人自己误认为的词。这时一定不要消除重打，应果断将输入码上屏，避免过多地误时。输入码为会后修改提供了可靠依据，不会造成内容丢失或记录失真。同时也减轻了现场速录的压力。

二、清空前妥善措施

通常情形下，只要以上四项缓解记忆量的方法运用得好，一般不会出现必须清空放弃的发生。如果意外出现，也不要紧张，清空放弃前做好妥善过渡非常重要。

清空放弃前不能做好妥善过渡，会使记录稿出现前后不对茬，甚至严重影响阅读和理解。为避免此种情况的出现，速录人员一般在放弃后马上补充简略的过渡话语。由于刚刚放弃了很多应记而不能记的内容，一下子轻松很多，无论时间或精力上对放弃部分加个简略过渡，是有余地的。

简略的过渡话语大致有 3 种：

1. 对放弃的内容做一个简短的概括。

2. 对放弃的内容和当前内容之间加进一个中间内容使之连贯。

3. 在放弃的内容和当前内容之间加进一个关联词或短句。

总之，过渡部分虽然很小，但很重要。它能避免记录逻辑出现硬断层，使整个内容连贯，形式完整自然，阅读顺畅、理解准确。

三、作业

1. 速录中如何减轻大脑记忆量，轻松追打？

2. 如何减小因漏记造成的速录文稿不连贯？

3. 听打下文（100 字/分钟）。

> 中级阶段技能训练要点 2：
> 稳定与巩固高速度、快节奏的要领是，对生文章要首先看打，熟练后再听打。
> 重视集体听打、测试、比赛。不要长时间封闭自己。
> 有条件多看出会的速录员实时听打的情景。

简单（1）

许多时候，我们早已不去回想，当每一个人来到地球上时，只是一个赤裸的婴儿，除了躯体和灵魂，上苍没有让人类带来什么身外之物。等到有一天，人去了，去的仍是来的样子，空空如也。这只是样子而已。事实上，死去的人，在世上总也留下了一些东西，有形的，无形的，充斥着这本来已是拥挤的空间。

曾几何时，我们不再是婴儿，那份记忆也遥远得如同前生。回首看一看，我们普普通通地活了半生，周围已引出了多少牵绊，伸手所及，又有多少带不去的东西成了生活的一部分，缺了它们，日子便不完整。

许多人说，身体形式都不重要，境由心造，一念之间可以一花一世界，一沙一天堂。

这是不错的，可是在我们那么复杂拥挤的环境里，你的心灵看见过花吗？只一朵，你看见过吗？我问你的，只是一朵简单的非洲菊，你看见过吗？我甚而不问你玫瑰。

不了，我们不再谈沙和花朵，简单的东西是最不易看见的，那么我们只看看复杂的吧！

唉，连这个，我也不想提笔写了。

在这样的时代里，人们崇拜神童，没有童年的儿童，才进得了那窄门。人类往往少年老成，青年迷茫，中年喜欢将别人的成就与自己相比较，因而觉得受挫，好不容易活到老年仍是一个没有成长的笨孩子。我们一直粗糙地活着，而人的一生，便也这样过去了。我们一生复杂，一生追求，总觉得幸福遥不可及。不知那朵花啊，那粒小小的沙子，便在你的窗台上。你那么无事忙，当然看不见了。对于复杂的生活，人们怨天怨地，却不肯简化。心为形役也是自然，哪一种形又使人的心被役得更自由呢？

我们不肯放弃，我们忙了自己，还去忙别人。过分的关心，便是多管闲事，当别人拒绝我们的时候，我们受了伤害，却不知这份没趣，实在是自找的。

对于这样的生活，我们往往找到一个美丽的代名词，叫做"深刻"。简单的人，社会也有一个形容词，说他们是笨的。一切单纯的东西，都成了不好的。

恰好我又远离了家国。到大西洋的海岛上来过一个笨人的日子，就如过去许多年的日子一样。

在这儿，没有大鱼大肉，没有争名夺利，没有过分的情，没有载不动的愁，没有口舌是非，更没有解不开的结。

也许有其他的笨人，比我笨得复杂的，会说：你是幸运的，不是每个人都有一片大西洋的岛屿。唉，你要来吗？你忘了自己窗台上的那朵花了。怎么老是看不见呢？

你不带花来，这儿仍是什么也没有的。你又何必来？你的花不在这里，你的窗，在你心里，不在大西洋啊！

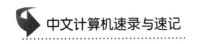

第五节　巩固稳定提速训练

当速度提高到一个更高的平台，需要及时地修整巩固，以求对于任何内容、在任何语境下都能稳定保持新的快速度。这种巩固和稳定的训练，主要指两个方面。

一、记忆的巩固

词汇的基础知识及其区分规则是速录工作智慧的仓库。虽然它在语法理论的梳理下自成体系，但对于每一位学习速录的人来说，对这个仓库里不同分区及隔断的熟悉，是一个永无止境的不停深化的过程。这个过程就是对仓库中已有词汇的进一步理解和记忆，并对未有词能够根据规则不断地充实完善起来。

记忆包括识记、保持、再现和回忆三个基本过程。记忆不是智商的结果，记忆实际上是一个人掌握知识的主动过程。我们需要记忆、我们主张记忆，但不是孤立的、割裂的、一个一个的死记硬背。

最快的记忆是理解。汉语有 400 多个音节。用四声区分，每个同音同调的理论单元为 1600 多个，实际汉语使用的有 1200 多个。再用近 20 个不同词性类别区分，每个同音同调同词性的理论单元为 24 000 多。结果几万个现代汉语所使用的汉字、几十万个汉语词汇都能得到较清晰的区分。任何一个字词的坐标位置都是这些坐标指针的交汇处。只要把这个体系坐标框架理解了，记忆就快多了。

最牢的记忆是联想。在汉语字词分类体系中，每一个结点都是一个字词。相邻的字词在属性上都是相近的或是相等的，仅差在常用或不常用上。记住一个，同时再看看它的近邻，就会记忆、巩固了一个群。联想记忆法是最牢靠的记忆。

最深的记忆是触动情感。在速录训练或实际出会中，尤其出席高规格速录赛事或做重要会议记录时，既有发生意外出错的懊恼，也有出现偶然打顺了的惊喜。这些都是很宝贵的触动。一定不要轻易放过它们，应该及时总结，找出经验或教训，这些记忆是深刻的。一些工作多年的速录高手，他们的高超技能很多都是这些宝贵触动的积累。

二、十指飞键

现代社会是一个向键盘要效率的时代。十指快速击键不仅是高速行文的需要，也是我们使用电脑做好其他工作的必备技能。对于培养我们"反应快、思考快、节奏快"的高效率、快节奏的工作作风非常有益。

"脑为手之帅，手为脑之师"。手是大脑的触角和外延，手是第二大脑。"手巧心灵，心灵手巧"，手指运动有助于激发大脑的反应速度和思考速度。"十指飞键"训练也是人们健脑的"手指操"。

十指击键训练要注意"静"、"松"、"空"。

1. "静"：开始要坐正，闭目，注意姿势端正，气定神闲，进入状态。接下去，十指放在所对应的键位上，仔细抚摸、体味、辨认一遍。你会感到键盘上每个键对于十指的感觉，无论温度、硬度、涩度、弹力等都是不一样的。强化双手与它们之间的快速直觉。

2. "松"：在快速击键打字时，要将"松"字记入脑海，心理沉静平和，细心体会每个手指的击键的方向、力度、速度及感觉，建立适合自己特点的又快又准的行键套路。千万不能过分紧张，一番心急手忙后连怎么错字的、甚至怎么打的全无感觉，又累又乏还收效甚微。

3. "空"：击键训练的篇幅不要长。打完后要认真检查全文。哪些属于击键错、哪些属于字词记错，都要弄明白。在这个过程中，双手要"空"，不能去拿东西或做别的动作。对击键错的要闭目快速盲打几次，直到完全正确和非常熟练为止。

练出一套适合自己特点的又快又准的计算机十指飞键功夫，无论对于速录或其他工作、对于激发潜能或健脑强体等都能受益终生。

水滴石穿，关键在于水要天天滴在同一个地方才行。人的潜能是了不起的。只要专注于十指训练并能持之以恒，就一定会得到令自己感到吃惊的效果。

三、作业

1. 强化记忆的基本要素有哪些？
2. 结合本文谈谈你对"十指飞"训练的理解？
3. 听打下文（100 字/分钟）。

> 中级阶段技能训练要点3：
> 适当变动语音播放速度，促进大脑能在不同速度节奏下的灵活反应。
> 经常翻动教材，查找不常使用或被忽略的速录规则。
> 播放音量调小，保持或提高两耳灵敏度。

简单（2）

一个生命，不止是有了太阳、空气、水便能安然地生存，那只是最基本的。求生的欲望其实单纯，可是我们是人类，是一种贪得无厌的生物，在解决了饥饿之后，我们要求进步，有了进步之后，要求更进步，有了物质的享受之后，又要求精神的提升，我们追求幸福、快乐、和谐、富有、健康，甚而永生。最初的人类如同地球上漫游野地的其他动物，在大自然的环境里辛苦挣扎，只求存活。而后因为自然现象的发展，使他们组成了部落，成立了家庭。多少万年之后，国与国之间划清了界限，民与民之间，忘了彼此都只不过是人类。

邻居和自己之间，筑起了高墙，我们居住在他人看不见的屋顶和墙内，才感到安全自在。

人又耐不住寂寞，不可能离群索居，于是我们需要社会，需要其他的人和物来建立自己的生命。我们不肯节制，不懂收敛，泛滥情感，复杂生活起居。到头来，"成功"只是"拥有"的代名词。我们变得沉重，因为担负得太多，不敢放下。

当婴儿离开母体时，象征着一个躯体的成熟。可是婴儿不知道，他因脱离了温暖潮湿的子宫觉得惧怕，接着在哭。人与人的分离，是自然现象，可是我们不愿。

我们由人而来，便喜欢再回到人群里去。明知生是个体，死是个体，但是我们不肯探索自己本身的价值，我们过分看重他人在自己生命里的参与。于是，孤独不再美好，失去了他人，我们惶惑不安。

其实，这也是自然。于是，人类顺其自然的受捆绑，衣食住行永无宁日的复杂，人际关系日复一日的纠缠，头脑越变越大，四肢越来越退化，健康丧失，心灵蒙尘。快乐，只是国王的新衣，只有聪明的人才看得见。童话里，不是每个人都看见了那件新衣，只除了一个说真话的小孩子。我们不再怀念稻米单纯的丰美，也不认识蔬菜的清香。我们不知四肢是用来活动的，也不明白，穿衣服只是使我们免于受冻。灵魂，在这一切的拘束下，不再明净。感官，退化到只有五种。如果有一个人，能够感应到其他的人已经麻木的自然现象，其他的人不但不信，而且好笑。

每一个人都说，在这个时代里，我们不再自然。每一个人又说，我们要求的只是那一点心灵的舒服，对于生命，要求的并不高。这是，我们同时想摘星。我们不肯舍下那么重的负担，那么多柔软又坚韧的刚，却抱怨人生的劳苦愁烦。不知自己便是住在一颗星球上，为何看不见它的光芒呢？

这里，对于一个简单的笨人，是合适的。对不简单的笨人，就不好了。我只是返璞归真，感到的，也只是早晨醒来时没有那么深的计算和迷茫。我不吃油腻的东西，我不过饱，这使我的身体清洁。我不做不可及的梦，这使我的睡眠安恬。我不穿高跟鞋折磨我的脚，这使我的步子更加悠闲安稳。我不跟潮流走，这使我的衣服永远常新，我不齿于活动四肢，这使我健康敏捷。

我避开无事时过分热络的友谊，这使我少些负担和承诺。我不多说无谓的闲言，这使我觉得清畅。我尽可能不去缅怀往事，因为来时的路不可能回头。我当心地去爱别人，因为比较不会泛滥。我爱哭的时候便哭，想笑的时候便笑，只要这一切出于自然。我不求深刻，只求简单。

第十章 速录实务

第一节 详尽记录

"详"指全面，"尽"指无遗漏。这是在记录中要恪守的原则。速录工作要求尽心尽力地做到详尽。而要做到详尽首先要求具有高度的责任心和敬业精神，此外，相关的技能技巧也非常重要。

职业素质对记录的详尽影响是明显的。如精神不集中必然漏记、有怕苦怕累的思想必然少记、文化知识不够必然错记、诚信度不强必然误记。

相关的技能技巧对详尽的影响也不容忽视。主要指以下三个方面。

一、别字

当说话语速过快时，如果屏幕上的是同音字，来不及改千万不要强改。统计表示，如果消掉一个词，再重新把它正确打上，通常会漏记半句话。任何记录，一般会后都有修改时间，错了可以修改，但如果漏记了，就很难将它们补全。当然如果在实时记录比赛或表演性质的演示时就另当别论了。

二、错字

记录中如果按错键必须消除。保留它们没有意义，因为错键在修改时也无法识读。如果按错一个键，可以用退格键消除。如果按错两个或多个时一定要按 Esc 键，这时还用退格键敲击多下会误时太多。

三、代码

当语速过快时，要善于运用代码技巧，先把内容记全，放到后面修改。记全内容是最重要的。有了代码，根据读音和前后句会很容易修改的。而没有代码，则很难根据记忆将内容补全。

有如下两种情形必须要使用代码。

1. 人名、地名。这是速记时无法准确上字的，中国人的姓和名同音字很多，仅仅根据说话是不能准确知道是什么姓名的。例如说到一个叫"王燕"的人，究竟是"汪燕"还是"王艳"、"王雁"、"王晏"、"王彦"、"王滟"……地名也是如此，例如"山西"、"陕西"仅从说话上是不容易确定的。对于外国人名、地名也是如此。汉语中它们一般都有比较固定的汉字表示，而不是任何一个同音字都可以的。这些在通常速录工作中必须使用代码记录，会后仔细问清楚后再将它们替换过来。

需要注意的是，对于同一个人、同一个地名，一定要使用相同的代码。这样修改是很方便的，只要"全部替换"即可。如果代码不同就很麻烦，需要一个一个地去辨认、查找和替换。

2. 人们的语言词汇是不断发展的，而任何速录法的词库都是有限的。再者，由于对于词汇基本概念的定义不同，甚至每个人对词汇的理解都有差异，造成各种词库的收词各不相同。无法避免速录时自认为是词，而实际上词库没有的现象时有发生。这时必须果断按"'"键，自动上码。如果消除掉再一个一个字地打出来，已经来不及了。

详尽记录法又叫实录法。要求尽可能完整无遗、忠实无误地记下话语的全部内容。根据不同会议的性质，有时不仅要对每个与会者的发言做详尽的记录，还要对会议一般进程、讲话人的广征博引、会场内花边趣闻等做如实记录，甚至有时还要记下会场的氛围和发言者语气等。

四、作业

1. 为了详尽，在技能技巧上要注意什么？

2. 在什么情况下必须上码？举例说说？

3. 听打下文（140 字/分钟）。

> 高级阶段训练目标：
>
> 具备高速录入、记录话语能力。
>
> 具备综合运用速录法各种简化录入技巧。
>
> 政经类文章录入速度 140 字/分钟以上，准确率 98% 以上。
>
> 能够胜任字幕、文稿、录音整理等工作。

近来，全球经济渐渐扫去阴霾，略显秋高气爽之象。多种数据显示，美国经济很可能已接近危机尾声，法德等国的经济恢复也堪称出人意料。中国经济较之全球其他主要经济大国更是先行一步：最近集中公布的 7 月宏观经济数据显示，中国复苏持续有力，有望实现全年 GDP 增长百分之 8 的目标。

有此景象，则政府主导的经济刺激政策何时退出，已成国际上政商两界关注焦点。

就中国而言，积极财政政策和宽松货币政策如何动态调整、适时退出，也牵动着市场的神经和民生的冷暖。当前，国内许多分析，都是在宏观政策的变或不变上做文章，而我们认为，当务之急应考虑现有刺激政策的可能退出机制，做到未雨绸缪。

刺激政策本身可以增强市场和投资者的信心，刺激政策的退出同样重要。明确未来政策退出的机制，可以改变投资者对未来经济走势的预期。退出机制越有效，市场对未来通货膨胀预期就会越平和，投资者对资产价格的追逐也会越理性。确保在保持市场信心的同时稳定市场预期，关键是要处理好刺激政策进入与退出机制的关系。应该看到，在市场对通货膨胀担忧抬头之时，建立刺激政策的合理退出机制反而能够稳定市场，增强企业和投资者对中国经济可持续增长的信心。

一般而言，财政刺激政策不需要专门的退出机制，因为财政预算资金使用完毕，刺激政策的直接影响便逐步消失。但在中国却有所不同。中国的财政刺激以政府投资为主，同时超配银行信贷，政府预算与银行贷款一起，变成了中长期的投资。尽管财政资金不需要退出，但银行贷款最终需要全身而退。财政与信贷的捆绑运营，使得中国的财政刺激政策也需考虑财政与信贷政策退出的协同效应。

在中国，货币政策的退出同样棘手。目前，各国对美国的货币政策退出机制颇为关注，中国人民银行二季度货币政策执行报告即对美国退出机制有所评论。遗憾的是，央行报告并未提及中国极度宽松的货币政策应该如何退出。事实上，尽管各国普遍担心美国量化宽松政策可能引发恶性通货膨胀，但是，美国的资金供给主要是通过市场机制来实施的。在美国商业银行惜贷行为改变之前，大量的流动性表现为存款和现金，因此，美联储可以比较容易收回市场中的流动性。中国却大为不同，政府充当了市场流动性的主泵，银行信贷变成了项目投资，一旦货币政策退出过快，就意味着半拉子工程激增和银行不良贷款上升。因而，建立财政政策与货币政策相协调的中国式退出机制具有现实紧迫性。机制明确之后，实施中还需要考虑刺激政策退出的策略原则。

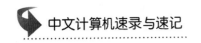

第二节　要点记录

就一般而论速录要求记录详尽，但也不能一概而论。很多例会性质、工作常会性质的记录，则要求重点记录、条理分明、要点完整。

很多例行会议的记录，必须要点记录。如果每一位的发言都一句不落的全记，不便于阅读、审核、总结及存档。再如法庭庭审记录，常常供多人多次阅卷反复使用，如果不分轻重地将口述内容全都记下，篇幅很大、主次不分，阅读起来必然费时费力，对案件的快速审理或结案都是不利的。

要点记录首先要求速录人员具有一定的语文能力。对发言人的口头习惯用语、方言庸赘以及重复、啰唆等部分，随时给予剔除、并用汉语普通话规范将它们标准地记录下来。其实即使在记录的详尽性里也有这个要求。

要点记录重点要求速录人员必须善于快速归纳梳理，把当前发言内容的重要点、中心点及时、准确地把握住。这个要点和中心点是讲话人每段话的意图所在。像写文章的主题一样，是非常重要的。在会议进行中，与会者的发言和讲话，不可能自始至终都紧扣主题，如果掌握不好，一些人的发言和讲话甚至可能严重跑题，速录工作不可主次不分，更不能轻重倒置。

一般来说，与议题密切相关的原则性或基本事实要重点记，说明、解释这些内容的话语可以略记；与议题有关的新鲜提法、事例要重点记，与前面内容重复的提法和事例可以略记；分歧观点、对立或不同的态度、方法应重点记，赞同性的讲话可以略记；对中心议题影响重大的讲话要重点记，与中心议题关系不大或若即若离的讲话可以略记。

此外，不同类型的会议还有不同的重点要求，如重大问题的行政会议，表明观点和态度的要重点记，其他叙述性的内容可以略记；经验交流会，有具体做法和实际效果的要重点记，理论说明可以略记；学术座谈会，与会者的论点、论据（包括典型例证）要重点记，泛泛而谈的议论可以略记；公安、司法的审讯、庭审记录，与案情、法律原则相关的要重点记，重复的或关系不大的可以略记，毫无关系的可以不记。

所以，对速录员要求具有一定的政治、经济、文化的知识外，还必须具有一定的专业、学科知识。特别在很多讲话里，重要中有不重要的部分，不重要中有重要的部分。这就要求速录人员要有较高的文化水平、业务水平，速录人员应该既是"通才"、又是"专才"。

不善于要点的记录，是一锅零散混杂的大杂烩，什么都有：有前后重复的，有互相混杂的，有互相抵触的，如此等等。"横看成岭侧成峰"，杂乱无章，这是速录的大忌。

要点记录要注意段落之间的连贯性。要点记录不是像豆腐块一样一方一方的摆放着。高水平的速录师还能在连缀内容的关键环节时刻，还能加上一、两个画龙点睛的词句。这一两个画龙点睛的词句非常重要的，没有它就不能显示问题的本质、规律和内部联系，整个记录就会缺乏深度、缺乏真实生动感，甚至给人只见树木不见森林的印象。

作业

1. 速录工作为什么要求重点记录？哪些情况的记录必须要点记录？
2. 为什么说"速录人员应该既是通才、又是专才"？
3. 听打下文（140 字/分钟）。

> 高级阶段训练要点 1：
> 强化"耳听一句、心记一句、手打一句"一心三用的押句能力。
> 强化听音存句、多句追打技能。
> 仿真实录、公众展示，提高抗干扰、抗压力能力。
> 文本分析、文章缩写、改写、校对、整理能力训练。

唯有极其发达的城市公共交通系统，才能彻底解决出行难题。当人们日常出行乘公共交通工具极其方便、快捷、舒适、廉价，也就不会把自驾作为主要选择。如此，购车指标终将会成为历史。

一边是民众日益抱怨的交通拥堵，一边是民众日益增长的汽车需求，北京交通面临的正是这样一道二元方程。这两个因子之间又相互作用、相互影响，直接增加了这道方程的破解难度。

如果说，北京限定每年购车指标，旨在给这道方程确定一个重要的公约数。那每年对这个购车指标进行动态调整，则意在使这个公约数变成最大。简言之，就是最大限度地实现二者之间的平衡，使矛盾归于统一。

问题的关键就在于这个最大公约数怎么确定。北京有关方面称，明年24万辆的机动车增长量，主要是依据道路交通和承载能力确定的，今后每年相关部门都会据此重新确定一次控制数量，测算指标同时考虑城市环境、道路基础设施供给、拥堵指数、空气质量指数等。

这样的表述，的确富于科学与理性，但要充分考虑到在实践中的现实困难。因为上述这些复杂的变量很难量化，而每年购车指标却是绝对的需要量化。二者之间有什么对应关系？有什么规律可循？数字如何得出？

到底该如何确定每年的这个具体数字，亦未见有民众可以理解的计算方式，这个计算的难度和复杂性是明摆着的。民众担忧的是，购车指标数字的具体确定会不会是一种简单的行政命令。如果变成一种随意的确定，那将直接打破民怨与民需之间的平衡，加剧各方矛盾。

手心手背都是肉，让人的主观因素来主导每年的购车指标，是残酷的抉择。北京出台限车令，经济损失巨大。中国汽车工业协会反应强烈，反对这一限制中国汽车消费的规定。民众的汽车消费需求也会受到抑制，生活质量、出行方式的改善将受到约束。但另一方面，北京的车辆如不加以规约，就会陷入越堵越买、越买越堵的交通怪圈。限得少了，汽车日增，只怕将来汽车只能放在家里当摆设。

购车指标的确定更应该是个技术活儿，最大限度地剔除人为的因素。那么，不如就把这个难题交给科学去解决。科学有科学的办法，它能够化繁为简。请科学家去悉心研究、寻找，确定出一个简单实用的计算模型来，尽量避免以人的意志为转移，从而最高效率地平衡民怨与民需之间的矛盾。

一个人口攀上数千万的特大型城市，即使城市规划很科学，道路很宽阔，一旦小汽车成为主要的出行方式，迟早是交通拥堵不堪的结局。唯有极其发达的城市公共交通系统，才能彻底解决出行难题。当人们日常出行乘公共交通工具极其方便、快捷、舒适、廉价，也就不会把自驾作为主要选择。

第三节 修改 整理

一、修改代码

修改代码不要一个一个地修改，最好用"全部替换"方法。这样可以将那些相同代码一次性全部修改完。

二、修订别字

记录稿中会有许多同音字词，在修改它们时，不认真、不仔细地查找很难全部找出，要求必须集中精力细心查找改正。不能心不在焉或一扫而过，如果检查第一遍漏掉的，第二遍、第三遍会更难发现。

三、修改词句

记录稿中的重复、啰唆、无用的口头语要删除。方言、不规范地习惯语，要用通用的普通话规范语言加以修正。

对关联词（连词）要加以注意。很多人讲话时滥用关联词，"因为、所以、如果、再者、假如……"等胡乱套用。修改记录稿时一定要认真梳理，理顺其中逻辑关系，并清晰、准确地把它们规范地表示出来。

四、合理分段

修改记录稿时一定要根据讲话内容的层次合理分段。做到层次分明、条理清晰、纲目协调，经整理后才能最后交稿。

五、整理记录稿注意事项

1. 对会议议题、讲话要点、争论问题、结论、决定事项等，无论记录或整理，要认真负责，精力集中，一字一句也不放过。

2. 要客观、真实、完整。记录人要有高度的责任心，要以严肃认真的态度忠实于讲话人、发言人的原意，尽可能用原话，原话意思不完整的，可以作一些技术上的加工，但不能随意作内容和语意上的增删和修改。并且记录尽量完整，不有遗漏。

3. 保持讲话人、发言人的风格，使记录具有很强的可读性和人物个性，读起来如见其人，如闻其声。

4. 层次分明，段落清楚，语句通顺，文字准确，标点、格式规范。

5. 没有听清楚或发言者表达不清的地方，会后要及时找有关人员核对，不留"半截话"、"半拉意思"或其他无法理解的死角。

六、作业

1. 对记录的码、字、词、句、段的修改应注意什么？

2. 速录稿的整理总体上应注意哪些方面？

3. 听录音打出下文（每分钟140字）。

> 高级阶段训练要点2：
>
> 应对语音不清、带方言语音的识别能力。
>
> 掌握常见类型会议的专业知识、提高不同背景会议适应性。
>
> 积累处理临时信息、错误的经验。
>
> 提高语文水平，具备标点、逻辑、修辞、简化、纠错、格式规范等综合能力。

针对物价上涨这一民生焦点，国务院近期出台了多项稳定消费价格、保障群众基本生活的政策措施，六个国务院督查组赴18个省区市督促检查工作。国务院还对《价格违法行为行政处罚规定》作出修改，对于相互串通、恶意囤积、捏造散布涨价信息以哄抬价格、牟取暴利的行为，将给予严厉处罚。

年关将至，国务院推出多项稳定物价的举措，不仅是为了群众过好元旦与春节，更是在向市场与地方行政者传递米袋子、菜篮子领导负责制决不能间断的信号。高层的一系列举措，将增强群众对于物价稳定的信心，也会震慑市场中的投机者。

所谓物以稀为贵，缓解物价上涨压力，首要任务是增加有效供给。在农产品方面，国家发改委等部门已加大粮、糖、油的储备投放，每周定期向市场投放国家政策性粮油，仅11月22～26日一周内就投放政策性储备粮油850万吨。从短期看，这将缓解供求紧张，平抑市场价格。

从深层次着眼，各地农产品价格上涨，很重要的原因之一，是城市近郊从种菜变为种房。不少地方过度依赖楼市经济、大搞卖地财政，致使大量耕地农转非，城市农产品自给率大幅下滑，对外部供给的依赖性过高。由此产生的隐患，是一旦异地农作物主产区遭遇灾害性天气减产，或是农产品被投机商恶意收购囤积，甚至是高速路堵车、运输不畅，都将导致本地供给短缺，引发价格上扬。对此，各地的行政者当反思，除了发展工业、兴建房屋，农业该被置于何种地位？民以食为天，如果不能较好地平衡工农业的发展关系，仅仅将农业视为低档次被淘汰的产业，严重的后果已然陆续显现。

人无远虑必有近忧。各类物资的战略储备同样至关重要。对各级政府而言，在巩固既有的粮油储备库的基础上，更应有意识地兴建其他重要物质的储备库。重要资源的战略储备，关乎国家安全与稳定。纵观发达国家，无不对此给予高度重视。作为发展中国家的我们，更当保持忧患意识，努力寅积卯粮，以备不时之需。

国务院的价格督查同样剑指恶意囤积、哄抬物价。在此问题上，必须警惕只拍苍蝇、不打老虎。针对各界高度关注的柴油荒，以及针对垄断大佬的质疑，有关部门理当严查真相，从源头破解问题。若有公职人员违纪违法、勾结不法商人权钱交易，绝不能姑息。坚决打击恶意投机，才能令居心叵测者不敢造次。

令人欣慰的是，广东、江苏、河南等酝酿天然气调价的省份已暂停涨价计划。这说明，高层稳定物价的导向，已在地方有所响应。在稳定物价的问题上，国有资源提供商与价格主管部门理当做出表率，不给调控添乱，不给民众添堵，是起码的责任。

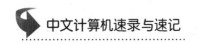

第四节 会 务

速录工作除少数个人采访、回忆、讲述的记录外，大多都是作会议记录为会务服务的。

会议是一种集众议事、发布的行为过程。在现代政治、经贸、文化、新闻等活动中，会议已成为一种经常的活动方式。速录工作的出会应注意以下几个方面。

一、会前

接收会议记录的任务，要了解会议的主题，如实的向会议主办方说明自己的能力、专业知识等情况，对不能胜任的专业性较高的会议要坚决辞却。对能够胜任的，也要对会议方的要求以及时间、地点，自己有何难度等，尽早想想清楚。在答应出会后，要做好以下准备。

1. 根据会议主题，参阅相关资料，了解相关行业知识、专业词汇及用语。

2. 着装要求职业装，整洁、大方、得体。不要穿怪异的时装或休闲装。

3. 检查电脑软件运行是否正常稳定和外接设备（录音、连线、端口）是否齐备正常。

4. 了解大会各项程序，熟悉会议情况，明确会议宗旨和基本精神。

5. 了解参会人员情况，发言人基本状况，特别是重要发言、无印发讲稿的发言，一定要心中有数，提前做好思想准备。

6. 与大会主办人商量记录座位的安排。既要考虑听清台上的领导讲话，又要考虑听清台下大多人的发言。尤其是座谈会，记录人员的座位，要求能够听清全场人员的发言。

7. 少喝水，免得上洗手间。自备一瓶水，会中间歇时口渴了喝点就行。

二、会中

会中速录工作的质量与速录人员心理状况关系很大，要克服生理心理状态的自然下降，这是检验速录人员综合素质、责任心、职业道德的关键。人的生理心理状态要通过不断的提升而得到强化。为更好地克服生理心理状态的自然下降，一定要把在速录工作中生理心理的一般变化规律清晰了解，根据自己的最容易发生的薄弱部分，做好充分的应对准备。

1. 开始三、五分钟注意力将由会前的分散到集中，逐渐适应会议环境，过渡到集中精力于会议本身。脑力集中阶段可以维持到40多分钟，多则一小时，通常一般人在生理上产生疲劳的极限是一个小时左右。

2. 从会议进行45～75分钟为注意力下降阶段。这个阶段注意力明显下降，情绪松懈。开始出现错记、漏记。

3. 从会议进行 75～90 分钟为注意力倦意阶段。这个阶段注意力出现分散和明显的疲倦，对不好打的字词出现有意漏掉。

4. 从会议进行 90～120 分钟为注意力疲惫阶段。这个阶段注意力感到发木。两耳听觉迟钝，记录上出现了主次不分，该记的没记，不该记的却记得挺多。

5. 从会议进行两小时以后为工作态度无所谓阶段。这个阶段自我感觉恢复了低思维活动能力的稳定状态，注意力相对集中一些，情绪较稳定。由于开会时间已挺长了，对记录既不积极，也不消极，只盼着早点散会。

这五个过程发生的时间长短、影响的轻重每个人是不相同的。但是从注意力开始下降，就要强力克服"倦意"、"疲惫"、"无所谓"状态。这时候个人的主观意识的强弱是主要的。一个优秀的速录大师，不仅有高超的速录技术，更需要有很高的心理意志力。

三、会后

1. 没有听清楚的地方，趁发言人没有离去的时间，赶紧询问清楚。
2. 尽快修改、整理记录稿。
3. 记录稿上交后，应诚恳向办会方征求对记录的意见。
4. 认真做好本次出会自我总结。

会场就是速录员战场。要求每一位速录人员在出会时，要在以上每个环节上都能发挥出最佳表现。随着多次出会的积累，取得不断地超越自己的进步。

四、作业

1. 出会前应做好哪些准备工作？
2. 会场工作时，生理心理通常会有哪些变化？如何克服？
3. 会后必须要做好哪些事项？
4. 听打下文（180 字/分钟）。

> 高级阶段技能训练要点 1：
> "键盘十指飞"为每日必修的基本功。
> 教学规定训练文章要精打。
> 主动记录身边人谈话、聊天或单位小型座谈、会议。
> 多做一些记录电视、广播等小节目的尝试。

30 年，在历史的长河中只是一瞬，但对一个城市而言，如果这个城市的主人有创造的激情和舍我其谁的使命感，却足以铸就其品质奠定其精神。30 年前，一个人口和资源都非常匮乏、默默无闻的小渔村被赋予了这种使命，现在，它已成长为举世闻名的现代化都市，在国际经济版图上牢牢占据一席之地，创造了人类自工业文明以来的城市化的奇迹。这个城市就是深圳。

今年是深圳等第一批特区建立 30 周年，各种庆祝、纪念活动相继展开。作为"敢闯敢试"的代表，特区理当收获这份尊荣。但庆祝和纪念并不意味着福至名归后的坐享功劳，而是总结经验后的再次出发。

特区 30 年的实践留下了巨大的财富，这种财富既是有形的可以统计的，包括 GDP、高楼大厦、高新技术产业等，也包括以深圳速度为标志的特区精神，和时间就是金钱、效率就是生命等名言里体现的新的价值观。众所周知，作为"窗口"的特区，一直是中国其他城市观照自己、了解世界的媒介。在多数中国人看来，特区能走到哪里，很大程度上代表着中国能走到哪里。那么现在特区的高速发展之路，对中国的其他城市究竟意味着什么？易言之，特区的发展模式中蕴藏着什么样的普遍性的启示？

诚如有评论者所言，深圳等经济特区的实践，充分证明了只有改革开放才能发展中国，充分证明了发展才是硬道理。类似的证明完全可以继续罗列下去。比如我们认为还有一个最重要的证明就是，证明了民众发展自己的迫切愿望和潜伏的惊人能量。历史地看，经济特区建立之初，的确在资本、劳动力以及土地开发等方面获得了一些优惠政策，但这种政策上的优惠只是发展的一个外因，只有人的因素才是特区发展的决定性力量。纪念特区 30 年，首先当然应该纪念改革之路上的引领者，没有思想的闪电的射入，就不会有今天的特区。同时我们还不应忽略那些过去被视为"淘金者"的普通民众的贡献，是他们看到了一个小小松绑所蕴涵的伟大意义，是他们敏锐地抓住了改变自己命运的契机，并进而改变了一个城市的轨迹。

特区 30 年，人们习惯于给这种路径冠以"敢为人先"、"前无古人"等称号，这是纵向观察的自然结果，而如果横向地看，应该承认，特区所进行的一系列改革都是一种"面向世界"的改革，遵循着人类文明发展的既定逻辑。胡锦涛总书记在深圳特区建立 30 周年庆祝大会上的讲话中指出，特区要"面向现代化，面向世界，面向未来"，这既是以往特区成功的经验，也是未来发展仍须坚持的方向。

走过 30 年的特区几乎无一例外地遇到了发展的困惑，即"改革动力弱化、改革精神淡化、改革阻力加大"。对此，前广东省委书记、曾任广东省经济特区管理委员会主任兼深圳市委第一书记、市长，最近有深刻的分析，他说："我们过去办特区，是跟极"左"的思想斗，跟僵化的意识形态斗；现在随着改革的深入，各种利益博弈错综复杂，最大阻力就是利益集团。""跟僵化的意识形态斗"相对容易，只要不争论多实干，干出成绩，自然让人心悦诚服，而当阻力来自实实在在的利益集团时，改革能否启动本身就已成为了一个问题。美国经济学家奥尔森在《国家兴衰探源》一书中认为，大量分利集团的存在是导致国家衰弱的重要原因，这种视角自可商榷，但至少提醒我们，应该努力避免公共政策为各种分利集团所绑架。

深圳特区的决策者们早已注意到了创新精神弱化的问题，并拿出了推进行政体制改革、加快建立公民社会等应对办法。前者意在政府限权，后者意在对社会放权，一"限"一"放"之间，特区未来改革的途径已经相当清晰。但需要注意的是，"改革"是一个动词，而且永远是现在进行时态，而不满足于坐而论道正是特区风格之所在。

曾几何时，深圳等特区的一些先行先试的动作轰动全国，无论是率先打破铁饭碗，还是首次实行工程招标，其引发的巨大思想震荡注定会进入中国人的观念史。

第五节 速录稿格式

速录文本通过认真修改、整理后，最后交出的记录稿标准，应根据不同的会议主题、不同的会议类型及要求有所不同。但一般来说，以下几个重要部分是不能缺少和应该整理清晰的。

1. 会议名称：会议名称要记会议全称，一般不要省略或简化。

2. 开会时间：这不仅要写明具体的年、月、日，还要写明是上午、下午还是晚上。

3. 开会地点：在楼房开会，要写明楼层或房号，如"会议楼 208 会议厅"。如果是平房或无房号，可写某单位或某部门某用途所在。如"会议室"、"俱乐部"。

4. 会议参加单位，人员：分别写出单位、姓名，有的会议与会人员有职衔，也可在姓名前冠职衔。记录中凡涉及人名的，要写全名，不能只写姓不写名，也不能只写职衔、职称加姓。例如，"老王"、"小刘"、"马市长"、"赵书记"、"张董事长"……

5. 会议主持人：一般直书姓名，有的会议主持人有职衔，也可在姓名前冠职衔。

6. 发言人的单位、姓名、职衔要与前面的会议参加人员一致，格式上开头要顶格，并且要单独一行，与讲话内容分开。

记录稿要求每个发言人的讲话必须另起段落，不可以将几个人的讲话不分段落地记在一起。一个人的讲话可以放在一个自然段里，最好也应按讲话的层次分开段落。

凡有其他人插话，必须独占一段。并且要将插话人名字记准。

会议过程中，会场某些重要的花絮、氛围或出现意外事情等，应该及时记录下来。但一定要跟发言内容分开，最好用括弧或其他字体把这些标识出来。另外要注意记录属实、客观、真实，符合当时的基本情况。

7. 记录员：写明记录员姓名，一是说明记录内容的真实性，二是表示记录真实性的责任人。为表示记录员对与会人员的尊重，记录员的姓名写在末尾为宜。

在记录稿最后记录员名字前，有些需要声明一下"以上记录未经本人审阅，仅供参考"字样，表示对发言人的尊重。

综上，记录稿的参考样式：

会议名称

（日期与时间）

会议地点：

出席会议单位、人员：

　　　　 ＿＿＿＿＿＿＿＿＿＿＿＿＿

　　　　 ＿＿＿＿＿＿＿＿＿＿＿＿＿

　　　　 ＿＿＿＿＿＿＿＿＿＿＿＿＿

　　　　 ＿＿＿＿＿＿＿＿＿＿＿＿＿

　　　　 ……

会议主持人：

会议记录：

　　　　　　　　　　　　　　以上记录未经本人审阅，仅供参考

　　　　　　　　　　　　　　　　　　　　　　记录员：

作业

听录音打下文（每分钟 140 字）。

> 高级阶段技能训练要点 2：
> 加强同学交流与互动，认真参照他人测试结果，取长补短。
> 制订切实可行的个人训练目标和计划。
> 关注"水桶效应"的最短板，不断地做长做强，并持之以恒，就是一个成功
> 的速录师的必由之路。

"让人民生活得体面而有尊严"是笔者多年来一直鼓与呼的主题。没有体面何来尊严？窃以为，要让人民生活得更有尊严，必须首先让人民生活得有体面。人民拥有让世人羡慕的生活状态，才是这个国家重视民生、改善民生的要务！首先要有物质上的体面，之后才能达成精神上的尊严。体面，不仅是人民都能食饱衣暖，还要有体面的劳动，体面地、平等地享有公民的权利。

就拿春运来说，在世界上这是唯有中国才有的大事件，超过全球人口三分之一的

20 多亿人次在一个假期出行在路上！而在中国，春运则是一个年年被人揭伤疤、年年都让人苦不堪言的事情。一票难求的状况，在这么多年里都得不到改善。今年开始在一些地方试行的实名制，又因为制度设计的不完善而导致一些人不能及时买到火车票。看到一些记者拍摄的火车上的照片，卧铺车厢因为人数限制还算干净整齐，硬座车厢里则人满为患，乘客和行李一起挤在本不宽敞的走道里，连乘务员也要艰难地从人群中挤过，还要慎防踩到那些把自己塞到座位下的男男女女的头或脚，那些人的头脸附近就是乘客丢下来的废纸、果核和瓜子皮。

好在中国的火车还没有像印度那样把人挂在车厢外，当然我也没有指望中国的火车能够像"欧洲之星"那样舒适和安静，但这样的状况，显然已经与中国日益增加的 GDP 不相协调、不相称了，而令人自豪的 GDP 数字背后，都有这些把自己随意丢进一个拥挤的车厢甚至塞到一个不属于自己的座位底下或车厢厕所里还要对别人挤出笑脸的人的功劳，那些功劳是他们用汗水换来的，但社会福利结构或社会分配机制却只能这样来回馈他们。

当然，他们本人也许来不及想这些问题，只要能够回家，这已经很好了。因为，他们根本没有足够的能力、没有足够的物质条件来满足他们睡在卧铺上、更不敢想去坐一次飞机。

强调了多年的民生问题，今天看来已是更加紧迫的任务。以《孟子·齐宣王》所说，即"必使仰足以事父母，俯足以畜妻子，乐岁终身饱，凶年免于死亡"。以现代文明的话语来说就是，让公民免于恐惧、免于饥荒，不遭无妄之灾。

人民的尊严，需要权力的谦恭，需要官员的收敛，需要对宪法、法律和人权的尊重，更需要社会分配和福利保障的公平和平等。这个国家的先贤们所为之奋斗的，不正是人民的尊严吗？那些说好了要民主建国的国家缔造者们，也不正是为了让人民享有尊严吗？当卑微的劳动者不再遭受资本家的压榨，当普通老百姓不再忍受官僚的欺压，当公民不再遭受无谓的冤屈，当每个人都能在自己的国度得到作为人的礼遇，尊严才能真正回到劳动人民的身上。

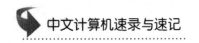

第六节　集体速录

由于人们的普通话水平不同，讲话时情绪、语速不同，记录员要听清记准每一个字，面临着极大的难度。特别是某些重要的讲话，如一些高级别的新闻发布会，需要影像、声音、字幕即时发布播出的会议，为确保万无一失，必须要多人同时记录。《汉语速录通》软件，是一个实现多人协同速记的最佳的工具。

一、工作原理

《汉语速录通》软件将参加协同速记的人，分为记录人、修改补充人和最后定稿人三个工序。中间工序即修改补充可以根据需要安排多人，再分为第一修改补充人、第二修改补充人……他们的电脑全都连接在一个局域网内。可以大家一起出席会场，也可以只有记录人在会场，其他人在另外一个工作间里，用一根网线将他们连接起来。

会议开始后，记录人开始记录，他的电脑能够自动录音，并将记录的文字与录音，延迟 10 秒钟后一起传送到第一修改人的电脑上。也就是说第一修改人从电脑上听到的声音是 10 秒前的讲话，第一修改人从电脑上看到的是 10 秒前的文字记录。他的任务是根据 10 秒前的讲话录音，对文字记录进行检查，发现错记或漏记，立刻将光标移到需要修改的地方，及时修正。第一修改人的电脑再延迟 10 秒后将前面的录音和第一次修改后的文字记录一起传送到第二修改人的电脑上，第二修改人根据听到的录音，对一次修改后的文字进行检查核对……

最终，由最后定稿人根据录音对经过几次修改后的记录文本进行最后的审查定稿。

参加共同记录的每个人听到的声音是相同的，都是整个会议从开始到结束的全部讲话。但是他们听到的时间是不同的，只有记录人听到的是当时的讲话，其他人听到的都是逐个延迟 10 秒后的声音。从而保证了每个人都能够听到会议的完整的录音并从第一句话开始修改工作。

参加工作的每个人看到的文本是不同的。记录人从空白文本开始记录，第一修改人开始看到的是前 10 秒记录人的文字记录，其后的每个人看到的都是前一个人的修改文本，他们的工作是对前一个人的工作结果进行再修改，每个人的工作都得到了有效的保护和留存。整个过程是一个不断趋向于准确的递加过程。

二、不同节点上的工作要领

从以上的工作原理可知，《汉语速录通》是将单人的记录工作改变为多人的集体工作，将孤立的单一节点的活动变换为一个多节点的网络互动。将一个人的工作分解为多人承担，从而大大地减轻了速记员的繁重任务和巨大的心理压力。在这个网络里的每个人都能在轻松愉快的状态下使自己的技术得到最佳发挥，最终有效地保证了高质量地完成记录任务。

1. 对于速记员来说，用《汉语速录通》软件工作，最大的不同是缓解了巨大的心理压力。不必担心记错，也不必担心漏记，因为后面有人改错和补充。从而大大地延长了最佳工作状态的周期，大大地延迟了"倦意"、"疲惫"等生理状态的出现，使自己的技术能力得到最佳发挥和展示。

在技术上，用《汉语速录通》软件工作，最大的不同是不必再按退格或 Esc 键，对于同音字或错键不必改正，留给后面的人来做。允许大量的上代码，这时速记员的最主要的任务是听清每一句话，记全每一句话。

单人记录对快速性和准确性都要最高要求，鱼和熊掌都要兼得。现在集体记录，却是二者可取其一。显然，速记员不仅能够发挥最好，也能感受到最佳状态下的快速感觉。

2. 对于修改补充人员来说，用《汉语速录通》软件工作，最大的不同是工作任务不同了。此时的任务不是快速记录而是快速校对，校对的速度必须与听到录音的语速同步，甚至快于语速，因为需要留出改错或补充的时间。

在技术上，修改补充人员对押句能力要求更高。因为当光标点击在需要修改补充之处时，文本传输自动暂停，而录音播放继续进行。修改人员需要一边修改一边听录音，修改完毕，需点击光标右键或点击 Shift 键，暂停的文本会一下子同时涌出，脑中暂存的录音内容通过眼睛扫描而快速释放，这个难度是挺高的。押句水平不高的人会感到吃力。

所以通常对于重要的会议记录，一般都要安排两个或更多的修改补充人员。

3. 最后定稿人员主要是对关键敏感字词的斟酌或对专业科技术语的修正。因此，通常都是由较高水平的领导或专业技术人员来把关的。打字速度不必很快，但专业知识必须是一流的。不必认真听，但必须认真审。因为记录稿这时已经基本完善。

三、作业

1. 《汉语速录通》的工作原理是什么？
2. 说明《汉语速录通》的工作过程是如何进行的？
3. 听打下文（180 字/分钟）。

在年销 1700 万辆汽车、达到美国历史最高水平的同时，堵车已越来越成为当下国内大中城市生活的重要标志。日前，5 位国务院参事建议北京引导小汽车合理使用，在

未来五年控制小汽车消费，用经济手段进行调控。

加强经济手段调控，这种思路在各地诊治城市病的药方中日益常见，有几个城市对开征拥堵费早就蠢蠢欲动。经济手段调控当然是解决城市交通拥堵的重要思路之一，但这能否上升为主要措施，尚待商榷。特别是，如果考虑到北京的种种特殊性，过于倚重经济手段调控，问题未必就能迎刃而解，反倒可能加重纳税人负担。

北京的机动车目前已超过450万辆，尽管限制措施越来越严，但日均进出北京的外地车辆仍大踏步攀升至55万余辆。为保证道路畅通，近年来的重大活动或节日，北京不得不采取单双号限行措施，并在经济手段方面有过多次尝试。4月1日，北京曾上调13个重点区域停车费，"但根据交管部门监测，重点区域车流量并无太大变化"。这或已表明，在路权高度紧缺的现实面前，所谓经济手段到底有多大功效，叫人实在不敢乐观。

从调控举措看，只有当成本效果能不折不扣地传递到使用者身上，经济手段才可能令车主望而生畏，进而在趋利避害的思维下，积极选择替代出行的工具。北京奥运会期间，公车封存量达到21万余辆，停驶70%，依此类推，仅北京一地，公车数目就令人瞠目结舌。

另一方面，北京又是公共资源高度集中之地，"跑部钱进"已成为一大特色。在上面的三令五申下，今年以来，一些地方极不情愿地关闭了一些驻京办，但"跑部钱进"到底在多大程度上受到遏制呢？有媒体就曾报道，因为"有人开车送礼，还有人打着'飞的'送礼，而一些手握权力和资源的部门自然成为被公关的重点"，这都加剧了北京交通的拥堵。对庞大的公车体系而言，所谓经济手段调控，除了徒增公车成本开支，并一分不少地转嫁至纳税人外，不太可能真正挡住公车的强力驱动，否则，在这么多年有关控制公车的无数规定面前，公车不太可能成长为一个那么令公众揪心和郁闷的问题。再者，尽管北京面临水资源不堪重负的严峻现实，但北京的大城市化脚步并未放缓。对更多城市而言，经济发展意味着城市做大做强，更多时候则是摊大饼。

北京堵车的特殊性在于，各种资源正快速地向这个城市汇聚，同时又得不到有效分流和疏解。如果不顾北京的种种特殊现实，兜售使用成本过低论，草率出台经济调控举措，很难达到专家憧憬的理想成果，反倒可能抬升上路车辆无法逃避的硬性开支。

甚至到头来，也难免让公众进一步质疑，此举到底是为了解决堵车问题，还是为了给政府开辟新财源。

堵车，绝不仅仅关系到市民的出行，也反映的是一个城市的软实力。在认识问题和解决问题上，更应当富有高度和广度。如果动不动就拿百姓的口袋开刀，则不仅难治堵，更让民众心添堵。

首都之堵，绝大多数在北京工作生活的人都有切肤之痛。最近国务院智库受邀为治堵支招，至少表明北京方面解决问题的决心。不过，征收进城拥堵费、控制小汽车消费等建议，仍然了无新意，不仅作用有限，也反映出某种思维局限性。也许，只有对堵车问题从更高层面和更大视野去审视，才能激发治堵的科学新思维。

堵车，绝不仅仅关系到市民的出行，也折射出一个城市的软实力。在某种意义上说，一个城市频繁堵车，说明这个城市的软实力存在明显缺陷。在某些关键时刻，这样的缺陷就可能带来致命性的危害。

频繁的堵车，首先说明城市交通信息发布系统的落后。对一些导致堵车的临时性措施，未进行评估和提前发布，也未采取规避策略，一句"请绕行"了事。对堵车缺乏充分的科学预判，对已经堵车的信息发布不及时或不准确。这都会导致各路车辆不知前路堵、纷向堵路行的恶果。目前广播电台提供的交通信息在一定程度上满足了公众需求，但其弱点也自不待言。从根本上来说，城市最需要的乃是建构科学、快速、准确的实时交通信息发布系统。在平常时期，人们就可以据此选择最佳路线。而一旦遭遇某些较大范围内的突发性问题，也能即刻得到真实、有效、全面的交通信息，以作出最佳出行选择。

其次，表明城市缺乏科学有效的交通应急处置策略和解决具体问题的应对能力。缺乏先进的信息发布系统也罢，知道暴堵之后，迅速展开疏导也不失为一个良策。为什么有些路段的交通瓶颈一直存在？一个堵点产生后，为什么没有迅速缓解之法？凡此种种，皆折射出城市公共治理能力的薄弱。如果不立足于增强这种能力，一旦出现突发紧急状况，必然会误大事。

城市总是处在暴堵的状态中，乃是城市的软实力之殇，使城市发展失去可持续。把堵车问题上升到这个层面来认识，相信城市的决策者就该有足够的重视，进而去补足在软实力方面的缺陷。

第七节 《汉语速录通》的安装与使用

一、安装

1. 双击《汉语速录通》安装图标，如图 10-1 所示。

图 10-1　安装图标

2. 单击"Next"，如图 10-2 所示。

图 10-2　Next

3. 开始自动安装，出现安装路径，再点击"Next"，如图 10-3 所示。

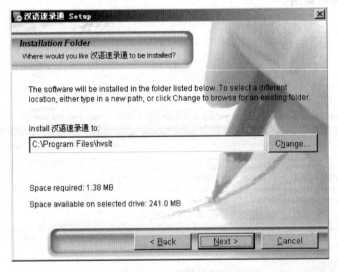

图 10-3　安装路径

4. 出现下面界面，继续点击"Next"，如图 10-4 所示。

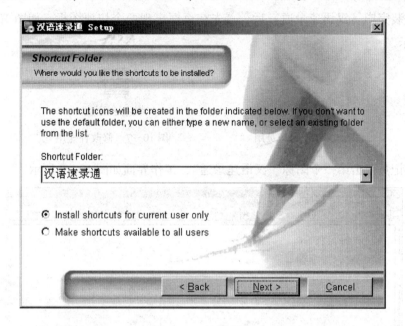

图 10-4 安装界面

5. 开始自动安装，出现下面图面表示安装完毕，点击"Finish"，如图 10-5 所示。

图 10-5 安装完成

二、使用

1. 首先参加协同记录的速记员、修改员、定稿员需要分别将自己的电脑用网线串联起来，设置局域网络 IP 地址。

2. 安装完毕《汉语速录通》后，首先在桌面出现两个快捷图标，如图 10 - 6、图 10 - 7 所示。

图 10 - 6　速记员用　　　　　图 10 - 7　修改补充用

3. 速记员双击第一个图标"汉语速录通"，工作界面如图 10 - 8 所示。

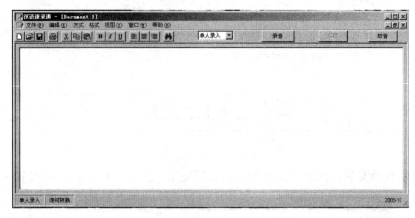

图 10 - 8　工作界面

将录音话筒连接好，开始工作时点击"录音"，状态设置为"双人录入"。如果是自己独立工作，后面没有修改的，状态设置为"单人录入"。会议结束后可以单击"放音"来检查自己的记录稿。

4. 修改人员双击第二个图标"汉语速录通 2"，工作界面如图 10 - 9 所示。

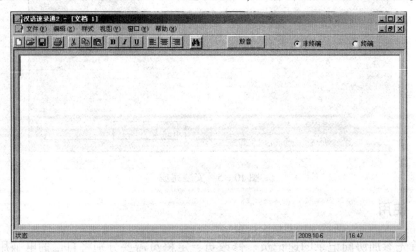

图 10 - 9　工作界面

戴上耳机，开始工作时点击"文件"做好与速记员电脑的文件连接。分别将数据连接和声音连接设置到速记员电脑的 c：\ Program Files \ hvslt 文件夹里的 Temp. lib 和 1. wav 文件上。

如果后面还有修改人员，状态一定要设置为"非终端"，点击"放音"，就可以根据传送来的会议录音进行逐词逐句的检查修改了。

如果还有第二修改人、第三修改人……注意数据连接要设置到你要修改的、即你前一位的文本，即第一修改人电脑的 c：\ Program Files \ hvslt 文件夹里的 Temp. lib 上；声音连接要直接设置到速记员电脑的 c：\ Program Files \ hvslt 文件夹里的 1. wav 上。

5. 定稿员的界面与连接均与修改人员相同，只是状态一定要设置为"终端"。

定稿后文本保存的属性一定要文本文档，即后缀为 . txt 文本。

三、作业

用《汉语速录通》集体听打下文（180 字/分钟）。

麦肯锡的研究表明，未来 20 年发展中国家的迅速崛起将对全球贸易、消费市场、能源和人才分配等产生重大和深远影响。各国对企业人才的需求在数量、质量和发展速度上都达到前所未有的水平，对人才日益激烈的争夺已成为全球企业共同面对的首要问题。

过去 20 年，中国企业的国际人才引进工作取得了长足发展，尤其在金融、高科技等创新速度快、竞争激烈的行业。这些国际人才对中国企业从理念和做法上开始与国际接轨、逐步实现国际化起到了非常重要的作用。例如，许多中国企业的海外上市，与具有国外教育经历、国际经营背景和国际融资经验的高级管理人才的作用是密不可分的。2008 年年底国家启动的千人计划以及近日国资委再度启动的 20 名央企高管的公开招聘工作等，更是表明中国对国际人才的重视已上升到一个新的高度。

但是，许多国际人才在中国也遭遇了水土不服的问题。据不完全统计，国际人才在进入大型国企和民营企业后生存下来的几率不高，担当重要角色的例子也不多见，专业技能非常优秀的国际人才在处理国企体制中复杂的人际关系、在现有体制和机制内进行技术和管理创新、适应中国经营环境等方面并不得心应手，甚至出现国际人才和国企中资历较老的员工形成两个互不信任的派系。不仅国际人才难以发挥才能，而且对企业的执行力造成了负面影响。

那么，究竟是什么原因使得国际人才在中国企业中出现水土不服的问题呢？

首先，在企业机制和体制方面，就国企而言，由于吃大锅饭的陋习和论资排辈的传统还根深蒂固，国企的业绩管理往往缺乏足够的透明度。近年来，虽然国企在业绩管理方面也做了许多有意义的尝试并取得了较大进步，但还不完善，关键业绩指标往往不能完全落实到个人，导致考核激励机制不能完全发挥作用。同时，国企的社会责任使其难以彻底施行淘汰制度，在将一些业绩不好的员工调离工作岗位的同时还得解决他们的安置问题。此外，在决策机制方面，对于国际性人才的招聘和使用，国企往往受到较多约束，而且由于在决策程序上往往需要经过层层审批，在争夺激烈的国际人才市场上往往因此错失良机。

而民营企业虽然在决策速度、招聘渠道和激励机制等方面较国企更具优势，但在国际人才的管理方面存在不少问题。中国民营企业的历史较短，成功的民企往往更多依赖于企业老总的个人魅力和高度执行力，而不是制度化的管理，缺乏科学的决策机制和系统的风险规避机制，这使得国际人才与这类老总的对话和磨合具有较大的挑战。

其次，在理念和文化方面，中国企业往往存在重资产、轻管理、轻人才的问题，同时对人才也常常缺乏足够开放的思想和包容的心态。全球金融危机后，许多中国企业已意识到这是走出去的难得机遇，但不少企业仍只抱着资产抄底的思路，而没有真正全盘考虑去建立一支国际化管理团队，将所获取的海外资产与公司现有业务有机整合。以往许多中国企业在收购国际企业后，在经营中才发现自身人才储备的不足。

第三，不少国际人才自身对环境的适应能力也有待提高。例如，一些国际人才未能充分认识国内外企业在文化上的差异，行事过于高调而引起非议，有时对具体问题的思路不够务实，在一些做法上还存在生搬硬套的问题。

解决国际人才在中国企业中的水土不服问题不可能一蹴而就，而是需要中国企业和国际人才的长期磨合与共同努力。

从企业的角度来看，首先应充分肯定国际人才对企业国际化发展的重要作用，坚定地走国际人才引进和培养的道路。事实证明国际人才引进中，正确选择引进的切入点以及长期的努力是成功不可或缺的前提，比如德国和日本企业大都从国际独立董事的引进入手，再逐步将国际人才的引进推广至CEO班子和中高层管理团队。

其次，中国企业要建立重视国际人才和不拘一格降人才的文化和理念，明确对国际人才的重视并不仅限于重视国外出身或具有国外留学经验的人才，还包括重视培养本土出身但具有国际性思维、熟悉国际化运作、对人和市场拥有开放态度的人才，在后备人才建设中积极推动内部人才的系统、专业培训和国际流动，发展具有国际化管理能力的人才。

第三，企业高层需以一种开放和信任的态度及包容的心态，为国际人才提供充分发挥才能的空间。

第四，中国企业必须理顺个人贡献和绩效间的关系，借鉴国际先进经验，建立清晰、透明、逐渐与国际接轨的人才考核与激励机制。这对个人贡献作用大、人才流动快、高度竞争的行业尤其重要。

从国际人才的角度来看，国际人才也应积极调整心态和自身定位，充分认识国内外企业的文化差异，从实际出发，更加务实地对待和处理问题。

附（Ⅰ）全国计算机速录等级考试

全国计算机速录等级考试（natiaonal Computer Stenography Rank Examinatiaon）其英文缩写简称 CSRE。

为贯彻、落实中共中央办公厅、国务院办公厅《关于进一步加强高技能人才工作的意见》和 2007 年 2 月 6 日国务院领导在全民科学素质工作会议上的讲话精神以及中办、国办《2006－2020 国家信息化发展战略》和工业和信息化部《关于信息化人才培训项目》等相关文件的精神和要求，适应信息时代经济社会对技能型人才的素质要求，引导和规范计算机速录行业的发展，提高全民社会信息化应用能力尤其是计算机输入及处理能力，培养千千万万个用手指敲击键盘的新型劳动者，工业和信息化部组织相关单位长期调研和相关专家的论证，决定推出"全国计算机速录等级考试"技能等级水平考核项目。全国计算机速录等级考试中心负责项目的实际运营和管理工作。

速录技术，在国外是高级文秘人员、法庭书记员等必备的基本技能，在国内目前是最紧俏的职业技能之一，其用途可以涉及多种行业和社会工作中，如会议、谈判、庭审、采访等记录及起草文件、网络聊天。速录员将人的讲话用计算机同步记录，话音落，记录毕，文稿出。比起现场录音、事后整理的记录方法，效率大为提高。

随着近几年国内大城市的会议经济、会展经济、论坛经济的升温，大型会议、会展的增多，社会各界对速录员的需求越来越大，而掌握速录技术的专业人员相当缺乏，高水平的速录师更是很少，速录师职业有着无限的就业空间，一些媒体相继以"市场呼唤速录师"为题，介绍速录员紧缺的情况。

据可靠数据显示，我国速录人才的需求逾百万，而目前国内从业者寥寥千人，人才供需比例失衡。随着信息时代的来临，各行各业都开始把速录技能列为人才必备技能。

据此，建设全国计算机速录等级考试实训基地的宗旨是：以紧缺型人才的就业需求为导向，以培养学生的信息基础核心技能为本位，以推动合作院校的信息基础教育为手段，培养"好就业，就好业"的新型劳动者，使众多在校学生迈向辉煌的职业之路！

全国计算机速录等级考试是以速录技能为核心，以行业应用为重点的计算机速录职业教育和考试体系，立足在产业发展新的阶段培养出大量应用型的合格人才，为用人单位速录相关岗位提供任用和选聘标准。

全国计算机速录等级考试中心建立了一套完整的培训、考核和技术支持三位一体的服务体系，将以树立全国计算机速录应用型人才考评体系为核心，适合在国内各行业推广，与各行业的相关机构进行创新性和开放性的合作，努力推动全国计算机速录等级考试项目全面、健康、有序的发展。

全国计算机速录等级考试是面向社会的、开放的、以全体公民为对象的非学历的计算机速录技能考试，是测试应试者计算机应用能力水平，是以考查考生的计算机文字录入能力为核心，是一个以社会需求为导向的职业技能考试体系。适用于会议、谈判、会谈、庭审、审讯、调查、询问、采访等的文字实时录入人员；口授、录音、录像资料的文字整理、校对、编辑、排版人员；电影、电视、网络中文信息处理及办公自动化等从事语言、文字应用和记录工作的人员；各类院校在校师生、公检法系统工作人员、部队士兵及其军事院校学员。

全国计算机速录等级考试实行考、培分离的模式，利用上机考试方式进行考核，考试由理论与技能考核两部分组成，考试题库由相关速录专家、资深教授进行命题，各个级别考核标准严格参照 CSRE 中心公布的考试大纲相关规定。考试采用先申报再考试的形式进行，地方培训考试中心按照流程向 CSRE 考试中心递交考试申请，由 CSRE 考试中心安排统一考试。

考试级别由初到高分为一级、二级、三级、四级、五级、六级、七级、八级、九级，证书由工业和信息化部颁发，考生可在全国计算机速录等级考试官方网站上查询。

全国计算机速录等级考试考核要求

一、计算机速录一级到三级

1. 知识要求

（1）掌握计算机的基本操作知识；

（2）掌握语音、语义和普通话正音、语法、词汇等基本知识；

（3）掌握语言信息、文本信息采集的基本知识；

（4）掌握电子文本校对、编辑、排版的基本知识。

2. 技能要求

（1）具有一定的计算机速录能力。

（2）能以 60 字 ~120 字/min 及以上的速度对口述、询问、讨论等语音信息进行采集，错误率不高于 5%。

（3）能以 60 字 ~120 字/min 及以上的速度看录难度一般的文本信息，看录的错误率不高于 3‰。

（4）具有常用办公软件的使用能力。

二、计算机速录四级到六级

1. 知识要求

（1）掌握和运用计算机的操作知识和使用方法；

（2）掌握和运用语音、语义和普通话正音、语法、词汇等基础知识；

（3）掌握和运用语言信息、文本信息采集的知识；

（4）掌握和运用常用办公软件进行文档、表格的编辑、排版、打印。

2. 技能要求

（1）具有较高的计算机速录能力。

（2）能以 140 字 ~180 字/min 及以上的速度进行语音信息现场实时采集，能记录表情、手势、服饰、场景等非语言信息，错误率不高于 4%。

（3）能以 140 字 ~180 字/min 及以上的速度看录难度高的文本信息，看录的错误率不高于 3‰。

（4）具有常用办公软件的操作使用能力。

三、计算机速录七级到九级

1. 知识要求

（1）熟练掌握和运用计算机的操作知识和使用方法；

（2）熟练掌握和运用语音、普通话正音、语法、词汇等基础知识；

（3）熟练掌握和运用语言信息、文本信息采集的知识；

（4）熟练掌握和运用常用办公软件及各种会议的规范格式进行文档、表格的编辑、排版、打印；

（5）熟练掌握和运用网络信息传递方法。

2. 技能要求

（1）具有很高的计算机速录能力。

（2）能以200字～240字/min及以上的速度进行语音信息现场实时采集，能从非语言信息（表情、手势等体态语及场景）中推测语义，并进行采集，错误率不高于3%。

（3）能以200字～240字/min及以上的速度看录难度高的文本信息，看录的错误率不高于3‰。

（4）具有常用办公软件的使用能力。

（5）具有培训、指导六级以下计算机速录工作的能力。

附（Ⅱ）全国计算机速录等级考试（1～9）级考试大纲

全国计算机速录等级考试一级考试大纲考试内容及要求

第一部分　基础知识

1. 职业道德基础知识

考试要求：了解职业道德内涵、特征，对职业守则相关规定有正确的认知和理解。

2. 计算机基础知识

考试要求：了解计算机的发展概况；了解计算机操作系统的基本知识和基本命名的使用；了解电子文本的基本操作知识和基本方法；了解简单的计算机防毒知识。

3. 速录基础知识

考试要求：了解速录的概念、发展历程，了解速录和计算机速录的相关常识。

4. 现代汉语基础知识（汉语构成、演化和基本用法知识、拼音正音知识和简单标点符号使用规范知识等）

考试要求：了解现代汉语的演化、发展，掌握普通话正音知识和常用词、句、标点的正确用法。

5. 相关法律法规基础知识

考试要求：了解国家关于著作权、知识产权和国家秘密等相关规范和法律，能合法、合理的处理相关速录内容。

6. 计算机速录的相关基础知识

考试要求：了解计算机速录的基本知识、原则和方法；掌握计算机速录及常用办公软件的安装和使用。

7. 文字校对、整理基本知识

考试要求：了解文字编辑、校对和整理的基本常识，了解速录稿件整理的基本原则，能简单进行文字的排版。

8. 基本的软件知识

考试要求：了解常用语音文件播放方法，能简单利用相关设备和软件进行语音信息的采集、保存和播放。

第二部分　信息采集

1. 听录

考试要求：对给定的语音单词进行听录，要求一分钟最低达到 60 个汉字。

考试成绩按错率高低评分，错误率不高于 2% 得 60 分；错误率不高于 3% 得 52 分；错误率不高于 4% 得 44 分；错误率不高于 5% 得 36 分；错误率高于 5% 得 0 分。（标点符号及分段正确与否不作要求；多字、错字、丢字均计算错误率。）

2. 看录

考试要求：对给定的文字资料进行听录，要求一分钟最低达到 60 个汉字。

考试成绩按错率高低评分，错误率不高于 2‰ 得 20 分；错误率不高于 3‰ 得 16 分；错误率高于 3‰ 得 0 分。（多字、错字、丢字、标点符号及段落错均计算错误率。）

3. 考试方式

全国计算机速录等级考试采用无纸化的考核方式，考试时间、级别确定后由 CSRE 中心按照考生实际情况从全国计算机速录等级考试题库中随机抽题进行组合试卷。

全国计算机速录等级考试一级试卷采用百分制，分为理论部分考核和技能实际操作测试考核两部分组成。考试时间总共为 120 分钟，其中理论部分时间为 20 分钟，技能操作测试 100 分钟，考试试卷各题型分值分配如下表所示。

全国计算机速录等级考试一级题型、分值表

分值数量＼题型	理论部分	技能操作	
	单选题（20min）	听录（78min）	看录（22min）
题目数量	10 道题	3 道题（取最高分）	2 道题（取最高分）
所占分值	20 分	60 分	20 分

全国计算机速录等级考试所需软件环境为：

1. 硬件最低要求

CPU：奔腾 主频 1.70GHz

内存：128M

CD – ROM

硬盘空间：10G 以上

2. 系统要求

软件环境：简体中文 windongs98/2000/me/nt/xp/ vista 系统版本

全国计算机速录等级考试二级考试大纲考试内容及要求

第一部分 基础知识

1. 职业道德基础知识

考试要求：了解职业道德内涵、特征，对职业守则相关规定有正确的认知和理解。

2. 计算机基础知识

考试要求：了解计算机的发展概况；了解计算机操作系统的基本知识和基本命名的使用；了解电子文本的基本操作知识和基本方法；了解简单的计算机防毒知识。

3. 速录基础知识

考试要求：了解速录的概念、发展历程，了解速录和计算机速录的相关常识。

4. 现代汉语基础知识（汉语构成、演化和基本用法知识、拼音正音知识和简单标点符号使用规范知识等）

考试要求：了解现代汉语的演化、发展，掌握普通话正音知识和常用词、句、标点的正确用法。

5. 相关法律法规基础知识

考试要求：了解国家关于著作权、知识产权和国家秘密等相关规范和法律，能合法、合理的处理相关速录内容。

6. 计算机速录的相关基础知识

考试要求：了解计算机速录的基本知识、原则和方法；掌握计算机速录及常用办公软件的安装和使用。

7. 文字校对、整理基本知识

考试要求：了解文字编辑、校对和整理的基本常识，了解速录稿件整理的基本原则，能简单进行文字的排版。

8. 基本的软件知识

考试要求：了解常用语音文件播放方法，能简单利用相关设备和软件进行语音信息的采集、保存和播放。

第二部分 信息采集

1. 听录

考试要求：对给定的语音单词资料进行听录，要求一分钟最低达到90个汉字。

考试成绩按错率高低评分，错误率不高于2‰得60分；错误率不高于3‰得52分；错误率不高于4‰得44分；错误率不高于5‰得36分；错误率高于5‰得0分。（标点符号及分段正确与否不作要求；多字、错字、丢字均计算错误率。）

2. 看录

考试要求：对给定的文字资料进行看录，要求一分钟最低达到90个汉字。

考试成绩按错率高低评分，错误率不高于2‰得20分；错误率不高于3‰得16分；错误率高于3‰得0分。（多字、错字、丢字、标点符号及段落错均计算错误率。）

3. 考试方式

全国计算机速录等级考试采用无纸化的考核方式，考试时间、级别确定后由 CSRE 中心按照考生实际情况从全国计算机速录等级考试题库中随机抽题进行组合试卷。

全国计算机速录等级考试二级试卷采用百分制，分为理论部分考核和技能实际操作测试考核两部分组成。考试时间总共为120分钟，其中理论部分时间为20分钟，技能操作测试100分钟，考试试卷各题型分值分配如下表所示。

全国计算机速录等级考试二级题型、分值表

分值数量 ＼ 题型	理论部分	技能操作	
	单选题（20min）	听录（78min）	看录（22min）
题目数量	10 道题	3 道题（取最高分）	2 道题（取最高分）
所占分值	20 分	60 分	20 分

全国计算机速录等级考试所需软件环境为：

1. 硬件最低要求

CPU：奔腾 主频 1. 70GHz

内存：128M

CD－ROM

硬盘空间：10G 以上

2. 系统要求

软件环境：简体中文 windongs98/2000/me/nt/xp/ vista 系统版本

全国计算机速录等级考试三级考试大纲考试内容及要求

第一部分 基础知识

1. **职业道德基础知识**

考试要求：了解职业道德内涵、特征，对职业守则相关规定有正确的认知和理解。

2. **计算机基础知识**

考试要求：了解计算机的发展概况；掌握计算机操作系统的基本知识和基本命名的使用；掌握解电子文本的基本操作知识和基本方法；了解常见的计算机防毒知识。

3. **速录基础知识**

考试要求：了解速录的概念、发展历程，熟悉速录和计算机速录的相关常识。

4. **现代汉语基础知识（汉语构成、演化和基本用法知识、拼音正音知识和简单标点符号使用规范知识等）**

考试要求：熟悉现代汉语的演化、发展，掌握普通话正音知识和常用词、句、标点的正确用法。

5. **相关法律法规基础知识**

考试要求：了解国家关于著作权、知识产权和国家秘密等相关规范和法律，能合法、合理的处理相关速录内容。

6. **计算机速录的相关基础知识**

考试要求：了解计算机速录的基本知识、原则和方法；掌握计算机速录及常用办公软件的安装和使用；掌握计算机及相关设备的常见故障的诊断、排除。

7. **文字校对、整理基本知识**

考试要求：了解文字编辑、校对和整理的基本常识，了解速录稿件整理的基本原则，能简单进行文字的排版。

8. **基本的软件知识**

考试要求：了解常用语音文件播放方法，能简单利用相关设备和软件进行语音信息的采集、保存和播放。

第二部分 信息采集

1. 听录

考试要求：对给定的语音资料进行听录，要求一分钟最低达到 120 个汉字。

考试成绩按错率高低评分，错误率不高于 2% 得 60 分；错误率不高于 3% 得 52 分；错误率不高于 4% 得 44 分；错误率不高于 5% 得 36 分；错误率高于 5% 得 0 分。（标点符号及分段正确与否不作要求；多字、错字、丢字均计算错误率。）

2. 看录

考试要求：对给定的文字资料进行看录，要求一分钟最低达到 120 个汉字。

考试成绩按错率高低评分，错误率不高于 2‰ 得 20 分；错误率不高于 3‰ 得 16 分；错误率高于 3‰ 得 0 分。（多字、错字、丢字、标点符号及段落错均计算错误率。）

考试方式

全国计算机速录等级考试采用无纸化的考核方式，考试时间、级别确定后由 CSRE 中心按照考生实际情况从全国计算机速录等级考试题库中随机抽题进行组合试卷。

全国计算机速录等级考试三级试卷采用百分制，分为理论部分考核和技能实际操作测试考核两部分组成。考试时间总共为 120 分钟，其中理论部分时间为 20 分钟，技能操作测试 100 分钟，考试试卷各题型分值分配如下表所示。

全国计算机速录等级考试三级题型、分值表

题型 分值数量	理论部分	技能操作	
	单选题（20min）	听录（78min）	看录（22min）
题目数量	10 道题	3 道题（取最高分）	2 道题（取最高分）
所占分值	20 分	60 分	20 分

全国计算机速录等级考试所需软件环境为：

1. 硬件最低要求

CPU：奔腾 主频 1.70GHz

内存：128M

CD - ROM

硬盘空间：10G 以上

2. 系统要求

软件环境：简体中文 windongs98/2000/me/nt/xp/ vista 系统版本

全国计算机速录等级考试四级考试大纲考试内容及要求

第一部分　基础知识

1. 职业道德基础知识

考试要求：熟悉职业道德内涵、特征，对职业守则相关规定有正确的认知和理解。

2. 计算机基础知识

考试要求：熟悉计算机的发展概况；熟悉计算机操作系统的基本知识和基本命名的使用；掌握电子文本的基本操作知识和基本方法；掌握常见的计算机防毒知识。

3. 速录基础知识

考试要求：熟悉速录的概念、发展历程，掌握速录和计算机速录的相关常识。

4. 现代汉语基础知识（汉语构成、演化和基本用法知识、拼音正音知识和简单标点符号使用规范知识等）

考试要求：熟悉现代汉语的演化、发展；熟练掌握普通话正音知识和常用词、句、标点的正确用法；能识别带口音的普通话；能从群体语音信息源中准确识别发言主体。

5. 相关法律法规基础知识

考试要求：熟悉国家关于著作权、知识产权和国家秘密等相关规范和法律，能合法、合理的处理相关速录内容。

6. 计算机速录的相关基础知识

考试要求：掌握计算机速录的基本知识、原则和方法；掌握计算机速录及常用办公软件的安装和使用；掌握计算机及相关设备的常见故障的诊断、排除。

7. 文字校对、整理基本知识

考试要求：熟悉文字编辑、校对和整理的基本常识，了解速录稿件整理的基本原则，能进行文字的排版。

8. 基本的软件知识

考试要求：掌握常用语音文件播放方法，能利用相关设备和软件进行语音信息的采集、保存和播放。

第二部分　信息采集

1. 听录

考试要求：对给定的语音资料进行听录，要求一分钟最低达到 140 个汉字。

考试成绩按错率高低评分，错误率不高于 2% 得 60 分；错误率不高于 3% 得 48 分；错误率不高于 4% 得 36 分；错误率高于 4% 得 0 分。（标点符号及分段正确与否不作要求；多字、错字、丢字均计算错误率。）

2. 看录

考试要求：对给定的文字资料进行看录，要求一分钟最低达到 140 个汉字。

考试成绩按错率高低评分，错误率不高于 2‰ 得 20 分；错误率不高于 3‰ 得 16 分；错误率高于 3‰ 得 0 分。（多字、错字、丢字、标点符号及段落错均计算错误率。）

考试方式

全国计算机速录等级考试采用无纸化的考核方式，考试时间、级别确定后由 CSRE 中心按照考生实际情况从全国计算机速录等级考试题库中随机抽题进行组合试卷。

全国计算机速录等级考试四级试卷采用百分制，分为理论部分考核和技能实际操作测试考核两部分组成。考试时间总共为 120 分钟，其中理论部分时间为 20 分钟，技能操作测试 100 分钟，考试试卷各题型分值分配如下表所示。

全国计算机速录等级考试四级题型、分值表

题型　　分值数量	理论部分	技能操作	
	单选题（20min）	听录（78min）	看录（22min）
题目数量	10 道题	3 道题（取最高分）	2 道题（取最高分）
所占分值	20 分	60 分	20 分

全国计算机速录等级考试所需软件环境为：

1. 硬件最低要求

CPU：奔腾 主频 1.70GHz

内存：128M

CD – ROM

硬盘空间：10G 以上

2. 系统要求

软件环境：简体中文 windongs98/2000/me/nt/xp/ vista 系统版本

全国计算机速录等级考试五级考试大纲考试内容及要求

第一部分　基础知识

1. 职业道德基础知识

考试要求：熟悉职业道德内涵、特征，对职业守则相关规定有正确的认知和理解。

2. 计算机基础知识

考试要求：熟悉计算机的发展概况；熟悉计算机操作系统的基本知识和基本命名的使用；掌握电子文本的基本操作知识和基本方法；掌握基本的计算机防毒知识。

3. 速录基础知识

考试要求：熟悉速录的概念、发展历程；掌握速录和计算机速录的相关常识；掌握一般的速录技巧和方法。

4. 现代汉语基础知识（汉语构成、演化和基本用法知识、拼音正音知识和简单标点符号使用规范知识等）

考试要求：熟悉现代汉语的演化、发展；掌握普通话正音知识和常用词、句、标点的正确用法；掌握正确地断句方法和常用的语法修辞知识，能修改一般语法、修辞错误；能识别带口音的普通话；能从群体语音信息源中准确识别发言主体。

5. 相关法律法规基础知识

考试要求：熟悉国家关于著作权、知识产权和国家秘密等相关规范和法律，能合法、合理的处理相关速录内容。

6. 计算机速录的相关基础知识

考试要求：掌握计算机速录的基本知识、原则和方法；掌握计算机速录及常用办公软件的安装和使用；掌握计算机及相关设备的常见故障的诊断、排除。

7. 文字校对、整理基本知识

考试要求：掌握文字编辑、校对和整理的基本常识；掌握速录稿件整理的基本原则，能进行文件夹的创建、文件存储、查找与删除；能使用计算机对同音字、词进行修改和一般性的文件的排版。

8. 基本的软件知识

考试要求：掌握常用语音文件播放方法；能够简单安装设置常用字处理软件；能利用相关设备和软件进行语音信息的采集、保存和播放。

第二部分　信息采集

1. 听录

考试要求：对给定的语音资料进行听录，要求一分钟最低达到 160 个汉字。

考试成绩按错率高低评分，错误率不高于 2% 得 60 分；错误率不高于 3% 得 48 分；错误率不高于 4% 得 36 分；错误率高于 4% 得 0 分。（标点符号及分段正确与否不作要求；多字、错字、丢字均计算错误率。）

2. 看录

考试要求：对给定的文字资料进行看录，要求一分钟最低达到 160 个汉字。

考试成绩按错率高低评分，错误率不高于 2‰ 得 20 分；错误率不高于 3‰ 得 16 分；错误率高于 3‰ 得 0 分。（多字、错字、丢字、标点符号及段落错均计算错误率。）

考试方式

全国计算机速录等级考试采用无纸化的考核方式，考试时间、级别确定后由 CSRE 中心按照考生实际情况从全国计算机速录等级考试题库中随机抽题进行组合试卷。

全国计算机速录等级考试五级试卷采用百分制，分为理论部分考核和技能实际操作测试考核两部分组成。考试时间总共为 120 分钟，其中理论部分时间为 20 分钟，技能操作测试 100 分钟，试卷各题型分值分配如下表所示。

全国计算机速录等级考试五级题型、分值表

题型 分值数量	理论部分	技能操作	
	单选题（20min）	听录（78min）	看录（22min）
题目数量	10 道题	3 道题（取最高分）	2 道题（取最高分）
所占分值	20 分	60 分	20 分

全国计算机速录等级考试所需软件环境为：

1. 硬件最低要求

CPU：奔腾 主频 1.70GHz

内存：128M

CD – ROM

硬盘空间：10G 以上

2. 系统要求

软件环境：简体中文 windongs98/2000/me/nt/xp/ vista 系统版本

全国计算机速录等级考试六级考试大纲考试内容及要求

第一部分　基础知识

1. 职业道德基础知识

考试要求：熟悉职业道德内涵、特征，对职业守则相关规定有正确的认知和理解。

2. 计算机基础知识

考试要求：熟悉计算机的发展概况；掌握计算机操作系统的基本知识和基本命名的使用；掌握电子文本的基本操作知识和基本方法；掌握常见的计算机防毒知识。

3. 速录基础知识

考试要求：熟悉速录的概念、发展历程；全面掌握速录和计算机速录的相关常识；掌握一定的速录技巧和方法。

4. 现代汉语基础知识（汉语构成、演化和基本用法知识、拼音正音知识和简单标点符号使用规范知识等）

考试要求：熟悉现代汉语的演化、发展；全面掌握普通话正音知识和常用词、句、标点的正确用法；全面掌握正确地断句方法和常用的语法修辞知识，能修改一般语法、修辞错误；能识别带口音的普通话；能从群体语音信息源中准确识别发言主体。

5. 相关法律法规基础知识

考试要求：熟悉国家关于著作权、知识产权和国家秘密等相关规范和法律，能合法、合理的处理相关速录内容。

6. 计算机速录的相关基础知识

考试要求：掌握计算机速录的基本知识、原则和方法；熟练掌握计算机速录及常用办公软件的安装和使用；熟练掌握计算机及相关设备的常见故障的诊断、排除。

7. 文字校对、整理基本知识

考试要求：掌握文字编辑、校对和整理的基本常识；掌握速录稿件整理的基本原则；能进行文件夹的创建、文件存储、查找与删除；能使用计算机对同音字、词进行修改和一般性的文件的排版。

8. 基本的软件知识

考试要求：掌握常用语音文件播放方法；能够简单安装设置常用字处理软件；能利用相关设备和软件进行语音信息的采集、保存和播放。

第二部分　信息采集

1. 听录

考试要求：对给定的语音资料进行听录，要求一分钟最低达到 180 个汉字。

考试成绩按错率高低评分，错误率不高于 2% 得 60 分；错误率不高于 3% 得 48 分；错误率不高于 4% 得 36 分；错误率高于 4% 得 0 分。（标点符号及分段正确与否不作要求；多字、错字、丢字均计算错误率。）

2. 看录

考试要求：对给定的文字资料进行看录，要求一分钟最低达到 180 个汉字。

考试成绩按错率高低评分，错误率不高于 2‰ 得 20 分；错误率不高于 3‰ 得 16 分；错误率高于 3‰ 得 0 分。（多字、错字、丢字、标点符号及段落错均计算错误率。）

3. 考试方式

全国计算机速录等级考试采用无纸化的考核方式，考试时间、级别确定后由 CSRE 中心按照考生实际情况从全国计算机速录等级考试题库中随机抽题进行组合试卷。

全国计算机速录等级考试六级试卷采用百分制，分为理论部分考核和技能实际操作测试考核两部分组成。考试时间总共为 120 分钟，其中理论部分时间为 20 分钟，技能操作测试 100 分钟，试卷各题型分值分配如下表所示。

全国计算机速录等级考试六级题型、分值表

题型 分值数量	理论部分	技能操作	
	单选题（20min）	听录（78min）	看录（22min）
题目数量	10 道题	3 道题（取最高分）	2 道题（取最高分）
所占分值	20 分	60 分	20 分

全国计算机速录等级考试所需软件环境为：

1. 硬件最低要求

CPU：奔腾 主频 1.70GHz

内存：128M

CD – ROM

硬盘空间：10G 以上

2. 系统要求

软件环境：简体中文 windongs98/2000/me/nt/xp/ vista 系统版本

全国计算机速录等级考试七级考试大纲考试内容及要求

第一部分　基础知识

1. 职业道德基础知识

考试要求：熟悉职业道德内涵、特征，对职业守则相关规定有正确的认知和理解。

2. 计算机基础知识

考试要求：熟悉计算机的发展概况；掌握计算机操作系统的基本知识和基本命名的使用；熟练掌握电子文本的基本操作知识和基本方法；熟练掌握常见的计算机防毒知识。

3. 速录基础知识

考试要求：熟悉速录的概念、发展历程；熟练掌握速录和计算机速录的相关常识；熟练掌握一定的速录技巧和方法。

4. 现代汉语基础知识（汉语构成、演化和基本用法知识、拼音正音知识和简单标点符号使用规范知识等）

考试要求：熟悉现代汉语的演化、发展；掌握普通话正音知识和常用词、句、标点的正确用法；掌握正确地断句方法和常用的语法修辞知识，能修改一般语法、修辞错误；能识别带口音的普通话；熟练掌握观察、采集、准确表述各种非语言信息的知识。

5. 相关法律法规基础知识

考试要求：熟悉国家关于著作权、知识产权和国家秘密等相关规范和法律，能合法、合理的处理相关速录内容。

6. 计算机速录的相关基础知识

考试要求：熟练掌握计算机速录的基本知识、原则和方法；熟练掌握计算机速录及常用办公软件的安装和使用；熟练掌握计算机及相关设备的常见故障的诊断、排除。

7. 文字校对、整理基本知识

考试要求：熟知文字编辑、校对和整理的基本常识；熟知速录稿件整理的基本原则；能熟练进行文件夹的创建、文件存储、查找与删除；能熟练使用计算机对同音字、词进行修改；熟练掌握和运用常用办公软件及各种会议的规范格式进行文档、表格的编辑、排版、打印；熟练掌握和运用网络信息传递方法。

8. 基本的软件知识

考试要求：熟练掌握常用语音文件播放方法；能够进行简单安装设置常用字处理

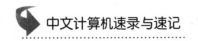

软件；能熟练利用相关设备和软件进行语音信息的采集、保存和播放。

第二部分　信息采集

1. 听录

考试要求：对给定的语音资料进行听录，要求一分钟最低达到 200 个汉字。

考试成绩按错率高低评分，错误率不高于 2% 得 60 分；错误率不高于 2.5% 得 48 分；错误率不高于 3% 得 36 分；错误率高于 3% 得 0 分。（标点符号及分段正确与否不作要求；多字、错字、丢字均计算错误率。）

2. 看录

考试要求：对给定的文字资料进行看录，要求一分钟最低达到 200 个汉字。

考试成绩按错率高低评分，错误率不高于 2‰ 得 20 分；错误率不高于 3‰ 得 16 分；错误率高于 3‰ 得 0 分。（多字、错字、丢字、标点符号及段落错均计算错误率。）

3. 考试方式

全国计算机速录等级考试采用无纸化的考核方式，考试时间、级别确定后由 CSRE 中心按照考生实际情况从全国计算机速录等级考试题库中随机抽题进行组合试卷。

全国计算机速录等级考试七级试卷采用百分制，分为理论部分考核和技能实际操作测试考核两部分组成。考试时间总共为 120 分钟，其中理论部分时间为 20 分钟，技能操作测试 100 分钟，试卷各题型分值分配如下表所示。

全国计算机速录等级考试七级题型、分值表

题型 分值数量	理论部分	技能操作	
	单选题（20min）	听录（78min）	看录（22min）
题目数量	10 道题	3 道题（取最高分）	2 道题（取最高分）
所占分值	20 分	60 分	20 分

全国计算机速录等级考试所需软件环境为：

1. 硬件最低要求

CPU：奔腾　主频 1.70GHz

内存：128M

CD – ROM

硬盘空间：10G 以上

2. 系统要求

软件环境：简体中文 windongs98/2000/me/nt/xp/ vista 系统版本

全国计算机速录等级考试八级考试大纲考试内容及要求

第一部分　基础知识

1. 计算机基础知识

考试要求：熟悉计算机的发展概况；掌握计算机操作系统的基本知识和基本命名的使用；掌握电子文本的基本操作知识和基本方法；掌握一定的计算机防毒知识。

2. 速录知识

考试要求：了解速录的概念、发展历程；熟练掌握速录和计算机速录的相关常识；熟练掌握观察、采集、准确表达各种非语言信息知识方法。

3. 现代汉语基础知识（汉语构成、演化和基本用法知识、拼音正音知识和简单标点符号使用规范知识等）

考试要求：熟悉现代汉语的演化、发展；掌握普通话正音知识和常用词、句、标点的正确用法；掌握正确地断句方法和常用的语法修辞知识，能修改一般语法、修辞错误；熟练掌握观察、采集、准确表述各种非语言信息的知识。

4. 计算机速录的相关基础知识

考试要求：掌握计算机速录的基本知识、原则和方法；熟练掌握计算机速录及常用办公软件的安装和使用；熟练掌握计算机及相关设备的常见故障的诊断、排除。

5. 文字校对、整理基本知识

考试要求：掌握文字编辑、校对和整理的基本常识；熟知速录稿件整理的基本原则；能识别带口音的普通话；熟练掌握文件夹的创建、文件存储、查找与删除的方法；熟练掌握使用计算机对同音字、词进行修改；熟练掌握和运用常用办公软件及各种会议的规范格式进行文档、表格的编辑、排版、打印；熟练掌握和运用网络信息传递方法。

6. 基本的软件知识

考试要求：熟知常用语音文件播放方法；能够简单安装设置常用字处理软件；能熟练利用相关设备和软件进行语音信息的采集、保存和播放。

7. 速录培训与教学指导基本知识

考试要求：熟练掌握速录培训过程和速录教学基本要求；熟练掌握制定速录培训计划编写方法和常用性速录理论和技术教学方法；熟练掌握速录技能培训相关知识。

第二部分 信息采集

1. 听录

考试要求：对给定的语音资料进行听录，要求一分钟最低达到 220 个汉字。

考试成绩按错率高低评分，错误率不高于 2% 得 60 分；错误率不高于 2.5% 得 48 分；错误率不高于 3% 得 36 分；错误率高于 3% 得 0 分。（标点符号及分段正确与否不作要求；多字、错字、丢字均计算错误率。）

2. 看录

考试要求：对给定的文字资料进行看录，要求一分钟最低达到 220 个汉字。

考试成绩按错率高低评分，错误率不高于 2‰ 得 20 分；错误率不高于 3‰ 得 16 分；错误率高于 3‰ 得 0 分。（多字、错字、丢字、标点符号及段落错均计算错误率。）

3. 考试方式

全国计算机速录等级考试采用无纸化的考核方式，考试时间、级别确定后由 CSRE 中心按照考生实际情况从全国计算机速录等级考试题库中随机抽题进行组合试卷。

全国计算机速录等级考试八级试卷采用百分制，分为理论部分考核和技能实际操作测试考核两部分组成。考试时间总共为 120 分钟，其中理论部分时间为 20 分钟，技能操作测试 100 分钟，试卷各题型分值分配如下表所示。

全国计算机速录等级考试八级题型、分值表

题型 分值数量	理论部分	技能操作	
	单选题（20min）	听录（78min）	看录（22min）
题目数量	10 道题	3 道题（取最高分）	2 道题（取最高分）
所占分值	20 分	60 分	20 分

全国计算机速录等级考试所需软件环境为：

1. 硬件最低要求

CPU：奔腾 主频 1.70GHz

内存：128M

CD – ROM

硬盘空间：10G 以上

2. 系统要求

软件环境：简体中文 windongs98/2000/me/nt/xp/ vista 系统版本

全国计算机速录等级考试九级考试大纲考试内容及要求

第一部分 基础知识

1. 计算机基础知识

考试要求：熟知计算机的发展概况；熟练掌握计算机操作系统的基本知识和基本命名的使用；掌握电子文本的基本操作知识和基本方法；熟练掌握一定的计算机防毒知识。

2. 速录知识

考试要求：熟知速录的概念、发展历程；全面掌握速录和计算机速录的相关常识；熟练掌握观察、采集、准确表达各种非语言信息知识方法。

3. 现代汉语基础知识（汉语构成、演化和基本用法知识、拼音正音知识和简单标点符号使用规范知识等）

考试要求：熟知现代汉语的演化、发展，熟练掌握普通话正音知识和常用词、句、标点的正确用法；能识别带口音的普通话；熟练掌握正确地断句方法和常用的语法修辞知识，能修改一般语法、修辞错误；熟练掌握观察、采集、准确表述各种非语言信息的知识。

4. 计算机速录的相关基础知识

考试要求：熟练掌握计算机速录的基本知识、原则和方法；熟练掌握计算机速录及常用办公软件的安装和使用；熟练掌握计算机速录及常用办公软件的安装和使用；熟练掌握计算机及相关设备的常见故障的诊断、排除。

5. 文字校对、整理基本知识

考试要求：掌握文字编辑、校对和整理的常识；熟知速录稿件整理的基本原则；熟练掌握文件夹的创建、文件存储、查找与删除的方法；熟练掌握使用计算机对同音字、词进行选择与修改；熟练掌握和运用常用办公软件及各种会议的规范格式进行文档、表格的编辑、排版、打印；熟练掌握和运用网络信息传递方法。

6. 基本的软件知识

考试要求：熟知常用语音文件播放方法，能够安装设置常用字处理软件；能熟练利用相关设备和软件进行语音信息的采集、保存和播放。

7. 速录培训与教学指导基本知识

考试要求：熟练掌握速录培训过程和速录教学基本要求；熟练掌握制定速录培训

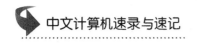

计划编写方法和常用性速录理论和技术教学方法；掌握速录技能培训相关知识。

第二部分　信息采集

1. 听录

考试要求：对给定的语音资料进行听录，要求一分钟最低达到 240 个汉字。

考试成绩按错率高低评分，错误率不高于 2% 得 60 分；错误率不高于 2.5% 得 48 分；错误率不高于 3% 得 36 分；错误率高于 3% 得 0 分。（标点符号及分段正确与否不作要求；多字、错字、丢字均计算错误率。）

2. 看录

考试要求：对给定的文字资料进行看录，要求一分钟最低达到 240 个汉字。

考试成绩按错率高低评分，错误率不高于 2‰ 得 20 分；错误率不高于 3‰ 得 16 分；错误率高于 3‰ 得 0 分。（多字、错字、丢字、标点符号及段落错均计算错误率。）

3. 考试方式

全国计算机速录等级考试采用无纸化的考核方式，考试时间、级别确定后由 CSRE 中心按照考生实际情况从全国计算机速录等级考试题库中随机抽题进行组合试卷。

全国计算机速录等级考试九级试卷采用百分制，分为理论部分考核和技能实际操作测试考核两部分组成。考试时间总共为 120 分钟，其中理论部分时间为 20 分钟，技能操作测试 100 分钟，试卷各题型分值分配如下表所示。

全国计算机速录等级考试九级题型、分值表

题型　分值数量	理论部分	技能操作	
	单选题（20min）	听录（78min）	看录（22min）
题目数量	10 道题	3 道题（取最高分）	2 道题（取最高分）
所占分值	20 分	60 分	20 分

全国计算机速录等级考试所需软件环境为：

1. 硬件最低要求

CPU：奔腾 主频 1.70GHz

内存：128M

CD – ROM

硬盘空间：10G 以上

2. 系统要求

软件环境：简体中文 windongs98/2000/me/nt/xp/ vista 系统版本

附（Ⅲ）全国高等院校技能大赛 "文秘速录专业技能" 赛项规程

一、赛项名称

赛项编号：G－050

中文名称：文秘速录专业技能

英文名称：Secretarial Stenography Professiaonal Skills

赛项组别：高职组

赛项归属产业：现代服务业

二、竞赛目的

通过竞赛，展示高职文秘、文秘速录等专业学生的职业素养与操作技能，检验学生的职业意识、职业习惯和专业知识应用能力及实际操作水平，引领高等职业院校高职文秘、文秘速录等专业建设和教学改革，推进专业建设对接产业发展、人才培养过程深度校企合作，提升文秘、文秘速录等专业高等职业教育人才培养质量和社会认可度与影响力。

三、竞赛内容与时间

（一）竞赛内容与时长

1. 文字校对与文本创建

赛题内容包括时事、经济、法律、军事、民生等社会生活各方面，避免文言文和敏感性政治话题，5000～6000字。

需校对的内容集中在赛题的前2000字左右，约50处错误；需要校对的错误类型包括错别字、不符合规范使用的数字、应用不正确的词语、错误语法、错误的标点符号、错误的常识性表述、不符合规范表述的量和单位等。对赛题的校对部分要求正确使用校对符号。

比赛时长：10分钟文字校对＋20分钟文本创建共30分钟

2. 实时记录与会议纪要整理

赛题内容为企业产品发布会、企业办公例会、主题讨论会等文秘速录岗位实际工作中可能接触到的会议类型及相关背景资料。

赛题为非匀速听打文章及会议实景录像，语速范围 90 ~ 210 字/分，分 C、B、A 三段，每段声音中间有 3 ~ 5 秒的停顿。

C 段 90 ~ 110 字/分，每 2 分钟递增 10 字，共 6 分钟，600 字；

B 段 120 ~ 150 字/分，每 2 分钟递增 10 字，共 8 分钟，1080 字；

A 段 会议实景录像，平均语速 200 字/分，共 6 分钟。

比赛时长：20 分钟实时记录 + 25 分钟 A 段会议内容纪要整理共 45 分钟

3. 蒙目速录

赛题内容包括文秘速录办文、办会、办事知识及时事、经济、法律、军事、民生等社会生活各方面。避免文言文和敏感性政治话题。

赛题为非匀速听打文稿，语速范围 60 ~ 180 字/分；分 C、B、A 三段，每段声音中间有 3 ~ 5 秒的停顿。

C 段 60 ~ 80 字/分，每分钟递增 10 字，共 3 分钟，210 字；

B 段 90 ~ 150 字/分，每 2 分钟递增 10 字，共 14 分钟，1680 字；

A 段 160 ~ 180 字/分，每分钟递增 10 字，共 3 分钟，510 字。

比赛时长：20 分钟

4. 模拟办公管理

赛题内容采用视频形式播放。借鉴国家秘书职业技能鉴定 4 级秘书办公综合技能要求，涵盖办文、办会、办事技能 10 个考核点，共播放 5 ~ 8 分钟，竞赛结果通过电子文本与标准答案比对完成。

比赛时长：20 分钟

5. 办公自动化流程任务操作

借助竞赛软件完成 6 种办公常用设备（打印机、复印机、传真机、扫描仪、投影仪、多功能一体机或速录机）的连接和使用。按照要求，完成速录机或多功能一体机连接、投影仪连接、文件复印、文件传真、文件扫描、文件打印等任务。

比赛时长：20 分钟

（二）竞赛赛程

竞赛过程安排如下表所示。

竞赛过程安排

起止时间	比赛内容安排
8：00—8：20	选手入场
8：20－12：00	1. 实时记录与纪要整理 2. 文字校对与文本创建
12：00—13：30	选手离场/午餐及休息
13：30－13：50	选手入场
13：50－17：20	3. 蒙目速录 4. 模拟办公管理 5. 办公自动化流程任务操作
17：20—17：40	选手最后撤离赛场

四、竞赛方式

本赛项为团体赛，以院校为单位组队参赛，不得跨校组队。每支参赛队由 4 名选手（设队长 1 名）和不超过 2 名指导教师组成。高职组参赛选手须为高等学校全日制在籍学生；本科院校中高职类全日制在籍学生；五年制高职四、五年级学生可报名参加高职组比赛。高职组参赛选手年龄须不超过 25 周岁（当年），即 1988 年 7 月 1 日后出生。

文字校对与文本创建

1. 赛题在比赛开始前，现场发放给每一位参赛者；

2. 参赛者在比赛时间内，首先根据国家标准校对符号对纸质赛题进行校对并标记；

3. 再根据校对标记后的纸质赛题进行文字和标点符号的录入（在比赛规定时长内，参赛者可以进行编辑修改）；

4. 比赛结束后提交带校对标记的纸质赛题及当场录入的电子文稿赛卷。

（一）实时记录与会议纪要

1. 参赛者聆听现场播放的赛题录音进行 B 段、C 段速录，再观看现场播放的实景录像进行 A 段速录；

2. 赛题播放完毕后，参赛者根据已经保存的实时记录稿（不可修改）在规定时间内另行整理出 A 段内容（会议实景录像）的会议纪要；

3. 比赛结束后提交实时记录电子文稿和会议纪要电子文稿。

（二）蒙目速录

1. 参赛者使用蒙目眼罩蒙住双眼；

2. 聆听现场播放的文秘知识赛题录音进行速录；

3. 赛题录音播放完毕即结束比赛，提交电子文稿赛卷。

（三）模拟办公管理

借鉴使用国家职业技能鉴定案例分析试题方式。

1. 参赛者先观看一段录像，找出录像中秘书行为及工作环境中正确或错误的地方；

2. 根据题目要求书写录入办公管理的相关内容；

3. 竞赛结束提交电子文稿卷。

（四）办公自动化设备使用流程任务操作

在规定时间内，借助软件分别完成 6 种办公常用设备的连接和使用。其中投影仪、复印机、传真机、扫描仪、打印机 5 种设备为必选，多功能一体机和速录机任选其一。

五、竞赛试题

1. 本赛项第 1 到第 4 环节有赛项专家组负责建立试题库，试题库由 10 套赛题构成，重复率不得超过 20%。按照《2014 年全国职业院校技能大赛赛项试题管理办法》，竞赛时使用的赛题在现场监督人员的监督下，由裁判长随机指定相关人员抽取，按照保密规定印刷、存放和领用。

2. 本赛项第 5 环节为公开试题，其内容已公布在本规程中。

六、竞赛规则

1. 每支参赛队由 4 名选手组成。参赛队须服从比赛场地的统一安排，比赛期间参赛选手不经裁判允许不得离开比赛场地。

2. 正式比赛进行过程中，不允许领队进入赛场。

3. 比赛和评判使用亚伟速录竞赛软件（v1.1d）。使用标准键盘比赛的选手统一使用搜狗拼音输入法（7.1 正式版）、微软拼音（Windongs 系统自带）和王码五笔输入法（86 版、98 版）进行比赛；使用专用键盘比赛的选手统一使用亚伟中文速录机和亚伟中文速录系统（版本 6）进行比赛。组委会统一安装录入软件，统一版本和词库状态。选手不得使用自带的任何有存储功能的设备，如硬盘、光盘、U 盘、手机、随身听等。

4. 使用专用键盘的参赛选手须自带亚伟中文速录机，型号为 YW－II 型、YW－III 型或 YW－V 商务型，统一使用有线方式与计算机 UAIB 接口连接并按要求进行初始化。除此之外，选手不得使用任何可与计算机进行有线或无线连接的设备。

5. 参赛队在赛前 30 分钟进入比赛场地，将设备与计算机进行连接，按统一的口令进行操作。

6. 比赛过程中，选手须接受裁判员的监督和指示。因选手原因造成设备故障或损坏而无法继续比赛，裁判长有权决定终止其比赛；非因选手个人原因造成设备故障的，应由裁判长视具体情况作出裁决，并及时通知参赛选手。

7. 比赛结束（或提前完成）后，参赛者要确认已成功提交竞赛要求的文件和文档，在确认后不得再进行任何操作。

七、竞赛环境

（一）场地声学要求

场内不能有明显的回音，声音要清晰，高音要明亮，低音要弱化，在每分钟300字的语速下，所有字词都应能听得十分清楚。

（二）场地光学要求

场内光线充足、明亮，可以轻松地阅读白纸上的黑色5号字；不可有引起屏幕反光的强光，不可影响观看计算机屏幕的内容。

（三）桌椅要求

每个人占用的桌面尺寸应为，前后50~70cm，左右100~150cm，前后两排桌椅之间要保持150cm的距离；桌子高度70~75cm左右；椅子高度40~50cm；桌上需有明显的顺序编号，并粘贴选手相关信息。

（四）电脑设备

台式电脑或笔记本电脑，正常运行Windongs XP操作系统或更高，UAIB口或串口可用，配备鼠标，取消屏幕保护，将电源管理设置为屏幕永不关闭状态。

（五）速录设备

使用亚伟式速录者，每人一台亚伟中文速录机。使用标准键盘录入者采用计算机自带键盘。

（六）电源

为每台电脑提供电源；为每台亚伟中文速录机提供交流电源或4节5号电池。

（七）音响

扩音设备能够确保场地内每位选手都可以听到洪亮的声音，扩音设备与计算机直接连接播放声音；音箱应位于屋顶或悬挂于场地四周，或稳固放置在1.5m以上的高度上；音箱数量及分布根据功率及场地的纵深尺寸设定，每10~20m一个，如下表所示。

音响数量及分布

场地面积	音箱数量	摆放位置
200m² 以内	2 个	场地前方左右两侧
200 – 1000m²	4 个	场地前方及场地后方左右两侧
1000m² 以上	6 个以上	间隔 15 – 20m 均匀分布于场地四周

如果现场比较大，应给裁判配备麦克风以方便主持比赛。

（八）视频播放设备

赛场应具备播放视频文件的相关设备，如投影仪、幕布等。

（九）秒表、哨子、眼罩

为赛场裁判准备秒表和哨子，眼罩用于选手蒙目速录比赛。

八、技术规范

1.《速录师》国家职业标准 3 级；

2.《秘书》国家职业标准 4 级。

九、技术平台

竞赛将提供计算机并预装 Windongs XP 或 Windongs 7，Microsoft Office 2003 或 2007 等常用软件，浏览器为 ie9 + 或 firefox10 + 、chrome6 + ，并包括以下软件。

1. 亚伟速录竞赛软件（v1.1d）；（含音频和视频软件、办公自动化设备操作软件）

2. 亚伟中文速录系统（版本 6）；

3. 搜狗拼音输入法（7.1 正式版）；

4. 微软拼音输入法（Windongs 系统自带）；

5. 王码五笔输入法（86 版、98 版）；

6. 汉语全息速录法（Win7 兼容版）。

十、评分标准

（一）文字校对与文本创建

将赛卷与赛题文本进行比对，记录参赛选手赛卷的有效正确字数，除以赛题标准字数计算出准确率，以准确率绝对值计算成绩，得分占总分的 15%。

将选手校对过的纸制赛题与纸制标准答案进行比对，记录参赛选手正确的校对符号数，除以全部校对点数计算出准确率，以准确率绝对值计算成绩，得分占总分的 10%。

（二）实时记录与整理会议纪要

将赛卷与赛题文本进行比对，记录参赛选手赛卷的有效正确字数，除以赛题标准字数计算出准确率，以准确率绝对值计算成绩，得分占总分的 25%。

按选手提交的纪要所包含的元素按项给分，其中会议内容部分，要求整理后的文字数量不得超过原文本的 50%，按选手归纳出的关键点给分，得分占总分的 10%。

（三）蒙目速录

将赛卷与赛题文本进行比对，记录参赛选手的有效正确字数，除以赛题标准字数计算出准确率，以准确率绝对值计算成绩，得分占总分的 20%。

（四）模拟办公管理

通过电子文本将竞赛结果与标准答案比对，依据完成的考核点计算成绩，得分占总分的 10%。

（五）办公自动化流程任务操作

参赛选手完成一个办公设备操作记录一次分数，全部考试完毕或时间结束后，系统自动记录当前学生的考试分数、考试时间与考生信息，得分占总分的 10%。

十一、评分方法

（一）裁判员选聘

按照《2014 年全国职业院校技能大赛专家和裁判工作管理办法》建立全国职业院校技能大赛赛项裁判库，由全国职业院校技能大赛执委会在赛项裁判库中抽定赛项裁判人员。裁判长由赛项执委会向大赛执委会推荐，由大赛执委会聘任。

裁判库由"文秘专家裁判分库"和"速录专家裁判分库"构成。

（二）裁判员人数

总人数为 9 人。其中文秘专家裁判 3 人，从"文秘专家裁判分库"中抽取；速录专家裁判 6 人，从"速录专家裁判分库"中抽取。

（三）分数产生与公布

1. 本赛项采用电脑自动评分与人工判卷相结合的方法，先产生各个环节的分数；

2. 现场公布文本创建、实时记录、蒙目速录三项比赛的选手个人卷面成绩；

3. 对各个环节名次靠前且分数接近的进行分数复核；

4. 按各个环节在成绩中所占比例，将其分数折算，产生选手的最后成绩；

5. 按各个参赛队选手的最后成绩累加产生各个参赛队的总成绩；

6. 按参赛队的总成绩进行排序，产生名次；

（四）评判标准

1. 完成时间

记录选手完成比赛的时间。同样内容、同等质量的前提下，用时少者名次在前。

2. 录入字数

记录选手在比赛时间内所完成录入的总字数，以此数据为基础进一步计算得分。

3. 正确字数

将选手完成的内容与标准答案比较，其中完全符合的字数。以此数据计算准确率得分。

4. 任务完成情况

将选手完成的内容与标准答案比较，以正确的文本内容、完整的任务量和所用时间计算得分。

5. 完成任务/赛题量

记录选手一共完成了多少项比赛任务/赛题，每项任务/赛题得分累加计算总分。

6. 校对符号正确性

记录选手使用正确的校对符号规范地进行标记的数量。

7. 会议纪要内容、构成要素格式符合度

将选手的会议纪要与标准纪要进行比较，按符合度得分。

（五）计算方法

1. 录入速度

速度＝录入字数÷完成时间

2. 准确率

卷面准确率＝正确字数÷录入字数

绝对准确率＝正确字数÷标准答案总字数

3. 秘书工作案例分析

限定时长内每正确表述 1 个点获得 1 分，10 个要素点总计 10 分。

4. 办公自动化设备操作流程任务

限定时长内每正确完成 1 个办公自动化设备使用环节获得相应分数，共 6 个设备，总分 100 分。

5. 会议纪要整理

含会议名称、时间、地点、主持人、参会人、记录人、议题、会议内容、呈报、主送、抄送，其中会议内容分值为 80 分，其余 10 项每项分值 2 分，总计 100 分。

（六）评分表（如下表所示）

评分表

竞赛项目		评分项目		项目总分		比率	分值	总分
		准确率	正确点					
文字校对与文本创建	文字校对	——	每个点2分,共50个点	100	200	10%	10	
	文本创建	正确字数÷标准答案总字数	——	100		15%	15	
实时记录与纪要整理	实时记录	正确字数÷标准答案总字数	——	100	200	25%	25	100
	纪要整理	——	会议内容80分;其他要素10项,共20分	100		10%	10	
蒙目速录		正确字数÷标准答案总字数	——	100		20%	20	
模拟办公管理		——	1个点得1分,共10个点,总计10分	10		10%	10	
办公自动化流程任务操作		——	共6个环节,根据难易程度分配分值,总计100分。	20		10%	10	

十二、奖项设定

1. 赛项设参赛选手团体奖，一等奖占比 10%，二等奖占比 20%，三等奖占比 30%。

2. 获得一等奖的参赛队指导教师由组委会颁发优秀指导教师证书。

十三、竞赛安全

（一）竞赛准备工作

1. 赛前对全体人员进行安全教育，每个人都要明确职责，熟悉比赛环节，做到心中有数；

2. 组委会召集竞赛组委会成员、裁判员、工作人员、各领队会议，布置竞赛事宜，强调安全方面的要求，明确安全责任，注意事项；

3. 竞赛各项工作负责人应及时按竞赛组委会要求分解安全责任；

4. 竞赛组委会应在赛前认真检查竞赛器材及场地，保证参赛选手比赛安全。

（二）组织过程安全责任

1. 竞赛期间，裁判长为该项目安全工作的主要责任人，裁判员、工作人员应各司其职，保证所在场地区域内参赛选手、观众的安全，确保比赛正常进行。

2. 领队为参赛院校所有选手安全的主要责任人，应按照竞赛要求组织本参赛队学生在指定位置就位，文明观看比赛；参赛选手有事须向领队请假。

3. 参赛选手检录后方能进入比赛场地，认真进行准备活动，比赛完毕立即退场，不得在赛场内逗留围观。

4. 竞赛期间，赛场内设置安全责任岗，加强对赛场内的安全巡查工作，责任到人，防止发生打架、失窃、踩踏等事件。严禁非本赛项人员未经允许私自进入观看比赛或滋事。

5. 竞赛期间须有医护人员坚守现场，随时准备处理可能发生的竞赛伤害，并提前备好相应急救药品和器械。

（三）应对突发事件的措施

比赛期间一旦发生突发性事件，安全工作领导小组成员必须立即做出反应，及时了解和分析事件的起因和发展态势，采取措施控制事件的发展和影响范围，将损失降低到最小限度。

1. 当遇到突发事件时，参赛人员按照方案要求坚守岗位，各司其职，听从竞赛组委会统一指挥；相关人员开展救护工作，将事故的危害降低到最低程度，严禁私自行动。

2. 赛场外人员私自进场地滋事，与赛场内人员发生冲突且情节严重的，应及时予以制止，拒不配合的，视情况报公安机关。

3. 事件发生后，与会领导、教师应积极处理营救，严禁擅离职守，先行撤离。

4. 比赛中，如果出现各种不可预知的紧急情况，由相关项目责任人与领队老师及时组织好参赛选手，听从竞赛组委会的统一指挥，按指定的路线有序撤离。

5. 任何人员如因不坚守岗位、不认真履行职责，将取消下一次参加竞赛的机会；如因失职造成安全事故，其损失由当事人全部承担并按竞赛工作制度进行相关处理。

十四、申诉与仲裁

本赛项在比赛过程中若出现有失公正或有关人员违规等现象，代表队领队可在比赛结束后 2 小时之内向仲裁组提出申诉。大赛采取两级仲裁机制。赛项设仲裁工作组，赛区设仲裁委员会。大赛执委会办公室选派人员参加赛区仲裁委员会工作。赛项仲裁工作组在接到申诉后的 2 小时内组织复议，并及时反馈复议结果。申诉方对复议结果仍有异议，可由省（市）领队向赛区仲裁委员会提出申诉。赛区仲裁委员会的仲裁结果为最终结果。

十五、竞赛观摩

1. 本赛项邀请领导、嘉宾、参赛队学校领导及领队老师、媒体等公开观摩；

2. 公开观摩安排在固定时间、固定路线，在赛场外透过隔音玻璃墙进行；

3. 为了维护赛场秩序，保证比赛顺利进行，为选手提供一个安静、不受干扰的比赛环境，禁止在比赛进行过程中进入赛场内观摩，禁止非媒体人员拍照、录音、录像；

4. 本赛项设有公开表演项目，突出体现文秘速录专业技能的特色，欢迎观摩；

5. 如因赛场条件限制不能组织上述第 2 项的观摩活动，依然可以观摩表演项目。

十六、竞赛视频

1. 本赛项将安排专业人士对比赛的各个环节进行影像素材采集；

2. 后期对所采集的素材进行编辑制作成大赛视频；

3. 通过网站等途径公开发布大赛视频。

十七、竞赛须知

（一）参赛队须知

1. 参赛队名称：统一使用规定的地区代表队名称，不使用学校或其他组织、团体的名称；不接受跨省组队报名。

2. 参赛队组成：每支参赛队由 4 名 2014 年在籍高职学生组成，性别和年级不限，包括队长 1 名。

3. 指导教师：每个参赛队可配指导教师 2 名，指导教师经报名并通过资格审查后确定。

4. 参赛选手在报名获得确认后，原则上不再更换。如在筹备过程中，选手因故不能参赛，所在省教育主管部门需出具书面说明并按相关参赛选手资格补充人员并接受审核；竞赛开始后，参赛队不得更换参赛选手，允许队员缺席比赛。允许指导教师缺席，不允许更换新的指导教师。

（二）指导教师须知

1. 严格遵守赛场的规章制度，服从裁判，文明竞赛；

2. 比赛过程中，不允许参赛队员接受领队、指导教师指导；

3. 指导教师必须预先报名，确定后不允许更换；

4. 在工作人员的引导下有序观赛。

（三）参赛选手须知

1. 服从裁判和组委会的指挥；

2. 携带身份证、学生证、选手证件入场；

3. 参赛者必须按要求对速录机设备进行初始化以清空内存信息，并允许裁判或裁判助理进行检查；

4. 对参赛设备的维修，必须由参赛者自己独立完成并且不得打扰其他人的比赛；

5. 比赛时，不得录音、录像；

6. 不允许使用个人字典和计算机字典进行拼写检查；

7. 参赛者在比赛中途停止比赛，必须留在座位上并保持安静直至比赛结束；

8. 录入或编辑好的文字需储存在本地硬盘提交，如有必要，复制到组委会提供的存储设备中进行提交；

9. 不允许使用手机或网络；

10. 赛场内不允许喧哗、吸烟。

十八、资源转化

1. 本赛项资源转化工作由本赛项执委会与赛项承办校负责，于赛后 30 日内向大赛执委会办公室提交资源转化方案，半年内完成资源转化工作。

2. 赛项资源转化的内容包括本赛项竞赛全过程的各类资源。做到赛项资源转化成果应符合行业标准、契合课程标准、突出技能特色、展现竞赛优势，形成满足职业教育教学需求、体现先进教学模式、反映职业教育先进水平的共享性职业教育教学资源。

3. 本赛项资源转化成果包含基本资源和拓展资源，充分体现本赛项技能考核特点。

4. 本赛项所有转化资源做到均符合《2014 年全国职业院校技能大赛赛项资源转化工作办法》中规定的各项技术标准。

5. 制作完成本赛项资源上传：www.nvsc.com.cn 大赛网站和中国烹饪协会官方网站。版权由技能大赛执委会和赛项执委会共享，由大赛执委会统一使用与管理。

附件：

计算机汉语全息速录法介绍
（精准定字、国际标准键盘与指法）

当前我国的计算机标准键盘速录方法有很多种，从学术上分析它们都是属于带调简拼的输入法。稍加分析，这些速录方法的不同点，归根到底只是声母、韵母或声调采用不同的键盘字母。本质上，无论功能或效果都是一样的。

我们向大家倡导采用汉语全息速录法。当前我国最佳速录软件——汉语速录法是一种计算机标准键盘的中文速录方法，不需要增加任何额外连接与设备，易学易用，最高每分钟录入字数达到 300 多字。

其核心技术是彻底改变以往各种输入方法的"语音精确，语意模糊"的套路，实行"语音模糊，语意精确"的新模式。所以它的特点不仅使办公自动化与汉字快速录入的键盘操作相一致，更解决了"语意模糊"的难题以及不知道读音的汉字无法录入的技术难点。

汉语速录法的发明，开未来中国速录发展三大趋势之先河：一是必然使用世界通用的计算机键盘；二是中英文应在同一键盘提速，要使计算机键盘成为世界各国语言快速交流的工具；三是必然实现语音编码与汉字起码的对应，并实现编码的最简化、最优化。

第 47 届国际速录大赛于 2009 年在北京举行。这是国际速联组织成立近 200 年首次在中国举行的国际大赛。在这届比赛上，汉语全息速录法选手李榛荣获成人组标准键盘看打比赛的世界第五名、中国排名第一名的成绩。在三十分钟的看打比赛中，李榛平均击键数 783.73 键，准确率 99.8%，达到每分钟准确录入近三百字，创国内历史最高纪录。

由于汉语全息录入法实现了汉语"言文同步"，它在盲人识字、认字、实现与常人相同的文化教育的应用中，盲人能够像常人一样学习和使用汉字。我们所培训的先天全盲学生，在不到一年里学习汉字两千多，电脑打字速度达到每分钟 100 多字。

现在，汉语全息速录法已被国家工业和信息化部 CSRE 全国计算机速录等级考试中心采用为核心技术，向全国推广使用（工信部全速考［2011］16 号通知）。同时，也被人力资源和社会保障部 CETTIC 职业技能开发中心授权为计算机速录和速录秘书的唯一专设培训机构。

为适应和满足培训、学习、测评、认证四位一体的教育培训模式，我们以汉语全息速录法作为学习和应用软件，以"中文计算机速录与速记"作为课堂教学的基本教材，以"速录专业训练课件系统"作为训练与强化的支撑软件，以"全国计算机速录等级考试中心试测评考试系统"作为计算机中文速录职业能力与学习效果和考试认证的测评软件。规范完善的教学、应用、测评体系捆绑在一起，为计算机中文速录教学基地建设和人才培养提供了完整的配套服务平台。

基于计算机中文速录项目是一门实训较强的职业技能课，在教与学的实践中存在着诸多应用技巧，并与语言文字的应用水平和能力相作用。实训教学应选排责任心强、具有丰富教学和培训经验的教师承担，实训环境最好模拟实际工作环境，或经常安排出席学校、学生的各类会议真实体验工作要求，从而促使学生体会、熟悉符合行业及岗位要求的知识和技能。同时，在实训中进一步帮助学生建立满足现代化，复合型人才要求的知识结构，提升从业的适应能力。